设计批评学

李龙生　费利君　著

合肥工业大学出版社

序言一

在相当长的一段时间内，国内设计学研究的重心是放在设计理论与设计史上，大量的设计概论和设计史方面的教材和论著的出版就是明证，一方面是由于高校相关课程设置的需要，另一方面也是设计实践需要理论总结。但作为设计学三大分支之一的设计批评却鲜有人问津，它在国内的设计艺术研究中长期处于“缺席”和“失语”的状态，但“缺席”和“失语”并不意味着设计批评的不重要，相反这一奇特的现象倒凸显了问题的所在：设计界包括设计教育界长期缺乏真正意义上的“批评”的声音。没有批评，就没有反思。缺少反思的设计学，作为一门学科它是不完整的；同样，没有“设计批评”的介入，作为一个设计行业来说也是不健康的状态。

进入新世纪以来，伴随着国内设计市场的逐渐完善和设计实践的迅猛发展，设计批评的发展逐渐被学界关注和重视，设计批评研究开始走出“缺席”和“失语”状态，涉及设计批评方面的论文、论著逐渐多了起来，如在论文方面，2001年10月张夫也在《装饰》杂志刊文《提倡设计批评，加强设计审美》，明确了设计批评的重要性。此后，以《装饰》和《美术观察》为主要阵地，学界发表了大量的设计批评文章，而且已经出现了以“设计批评”为主题的博士学位论文。在论著方面，2009年黄厚石出版了国内最早对这一领域进行系统研究的著作《设计批评》，紧接着祝帅出版了《设计观点》(2010),杭间出版了《设计的善意》(2011),李立新出版了《设计价值论》(2011),李丛芹出版了《设计批评论纲》(2012),彭圣芳出版了《微言:晚明设计批评的文人话语》(2014)等。同时,也出现了关于设计批评话题的学术研讨会,并取得了不少研究成果。21世纪初《装饰》杂志社组织了国内首次"'设计批评'主题研讨会";2005年《装饰》杂志社与大连轻工业学院共同举办了"首届中国当代设计批评论坛";2007年《装饰》杂志社与浙江工商大学艺术设计学院共同举办了"2007全国设计伦理教育论坛";2011年《装饰》杂志社与兰州大学艺术学院联合举办了"意识·形态·方法:设计批评何以可能?"国际学术研讨会。所有这些说明国内设计批评研究的氛围正在酝酿成形,正如有的学者指出:"可以认为从改革开放之初的基本缺位到21世纪初的表露端倪,再到今天的渐生热络,国内设计批评经历了一个由实践到理论积累的逐步过程,并在现实的迫切需要下呈现了走向勃兴的初步趋势。"①

对设计批评本身的研究,构成了设计批评学。设计批评学是关于设计批评的理论,也即元批评,它本身就是设计理论的重要组成部分。批评的理论与具体的批评实践不同,它以设计批评作为研究对象,关注的是设计批评的形成过程和运作方式,设计批评本身的特征和价值。那么,作为一门学科,设计批评学有哪些必备要素组成呢?根据汉语的语法,设计批评可以表述为"关于设计的批评"——这里,"批评"是行为,"设计"是批评的对象。由此,这一偏正结构的短语进一步可以转化为"批评设计"。因此,设计批评的本义就是批评设计。设计批评就是批评设计,这仿佛是文字游戏,其实不然,这看似"无关紧要"的语词转换,恰恰显现出了设计批评学完整的结构:谁批评设计(的什么)。"谁"关乎批评的主体;"设计"(或设计的什么)属于批评的客体;而"批评"是行为,这一行为又蕴含着"何为批评"、"为何批评"和"怎样批评"三个要素。因此设计批评学的完整结构就包含着以下五个要素:何为批评、谁批评、批评什么、为何批评和怎样批评。这也是本书中我们将着重讨论的设计批评学的五个方面:设计批评的本体论、设计批评的主体论、设计批评的客体论、设计批评的功能论和设计批评的方法论。

(1)设计批评的本体论,关注的是设计批评本身的含义,即何为批评。

① 席卫权著:《不再"缺位"——当代国内设计批评发展路径梳理》,《美术研究》,2014年第3期。

这关涉到设计批评的核心，没有对“批评”概念的正确理解，设计批评活动可能会南辕北辙。在日常语义中，批评通常是批评者指出被批评者的缺点，并揭示其原因。在此，批评只是一种否定、消极的行为。但这只是批评的一种语义。批评的另一种语义包含了研究、描述、分析、阐释、区分、分辨、审查、评价、选择等。在此意义上理解批评，为把握批评的本性敞开了道路。由此，理解设计批评的本性，就要克服批评在日常语义中的否定思维，要看到批评在区分、分辨、审查、评价等层面上的内涵，这样才能全面正确地把握设计批评。它不仅要指出设计作品的缺点和弊端，而且要发现和赞扬设计作品的优点和成绩。它的一个最为重要的功能就是判断、辨析，指出以设计产品为中心的一切设计现象中，哪些是合理的，哪些是不合理的；合理的要加以发扬，不合理的要否决或改进。此种意义上，设计批评同样是一种设计行为。同时，对设计批评的含义的理解，要有思想资源，因此，对中西方设计批评思想史的梳理构成了本体论的一个部分。

（2）设计批评的主体论，关注的是设计批评的主体，即谁批评。批评总是人的行为，人的声音；设计批评的主体当然是人，但是否可以说人人都是设计批评者或设计批评家呢？从广义上讲，可以说人人都是设计批评者；但人人都是设计批评者并不等于人人都是设计批评家。设计批评家有着特定的专业要求。同时，批评者批评的声音要产生影响和效力，必须借助传播，依赖一定的传播媒介，因此，设计批评的媒介也是我们研究的对象。

（3）设计批评的客体论，关注的是设计批评的对象，即批评什么。毫无疑问，是批评设计；但“设计”在不同的语境中有不同的所指，它是一种构思、一种过程、一种结果，甚至是一种活动。当然，设计批评的对象主要是现实生活中已经存在的设计作品或实物。设计作品作为一种人工物，它既不同于自然物，也不同于艺术品，它有着自身的独特性。同时，设计作品作为一种“物”的存在，它充满着我们生活的空间，渗入到生活世界的方方面面，它构成了我们生活环境的一部分，甚至成为塑造人们生活方式的一种力量。这样一种“环境”和“力量”，其实质表现为一种关系，是物与人、物与自然、物与社会三者关系的聚集。

（4）设计批评的功能论，关注的是设计批评的价值或意义，即为何批评。当我们追问价值或意义时，实质上是在寻找设计批评存在的依据，寻找它能解决或解答哪些问题，这也就是批评的职能所在。那么，设计批评存在的依据或者说其职能在哪里呢？首先，对于设计作品而言，通过设计批评，可以区分其优劣，从而理智评判设计的价值。其次，对于设计师来说，通过设计批评，可以进一步完善设计，从而有效调节设计师的创作活动。第三，对于使用者来说，通过设计批评，可以进一步完善其审美鉴赏能力。第四，对于社会而言，通过设计批评，可以形成一种能够理解设计观念与思想的氛围，从而为设计深入生活、设计改变生活和设计创造生活提供条件。

（5）设计批评的方法论，关注的是设计批评的方法，即怎样批评。这涉及批评的方法、途径，但在具体的设计批评课题中，因为设计物品的不同、使用环境的变化和社会条件的改变等因素，会导致不同的批评课题有不同的批评方法。因此，这里我们探讨设计批评的方法，必须暂时抛开具体的方法论，而着眼于一般的设计批评素养。有了这种素养，在具体的批评课题中我们才能理性、客观、全面地做出评判。在对设计批评的素养的思考中，限于学识与能力，我们眼下主要关注以下几个方面：设计批评的视野、设计批评的思维与意识、设计批评的标准和设计批评的态度等。

目录

1 第一章　设计批评学概述

设计批评学是对设计作品、设计师、设计现象、设计活动等进行阐释与批评，进而对设计批评本身进行研究的一门学问，它是设计学的一个重要组成部分。当我们开始思考设计批评时，必然会提出这样的问题：何为设计批评？设计批评有哪些特点，并遵循什么样的原则？作为对设计批评本身进行研究的设计批评学，它研究的内容有哪些？如何思考和回答以上问题，就构成了本章的基本内容。

第一节　什么是设计批评

要回答什么是设计批评这个问题，必须首先从对“设计”概念的理解出发，然后开始思考“批评”的基本含义。只有厘清和把握“设计”和“批评”的概念及其内涵，对何为设计批评的思考才有了一定的基础。

一、何为设计

何为设计呢？在日常语言中，我们经常会使用到“设计”一词，如邓小平是中国改革开放的总设计师；一位知名的平面设计师；一件功能良好、形式简洁的设计作品等等。“设计”在不同的语境中有不同的所指，它是一种规划、一种构思、一个过程、一种活动、一件物品。一般而言，设计有广义和狭义之分，广义的设计是指一种规划行为，凡是具有预先规划、设想的活动都属于一种设计行为。对此，美国设计家维克多·帕帕奈克有一段名言：“人人都是设计师。我们所做的一切都是设计，设计对于整个人类群体来说都是基本需要。任何一种朝着想要的、可以预见的目标而行动的计划和设想都组成了设计的过程。任何一种想把设计孤立开来，把它当作一种自在之物的企图，都是与设计作为生命的潜在基质这一事实相违背的。设计是构思一首宏伟壮丽的诗篇，是装饰一面墙壁，是绘制一幅精美的图画，是谱写一支协奏曲。然而，让一个抽屉变得整洁有序，拔掉一颗错杂的牙齿，烤一块苹果馅饼，为球赛选场地，教育一个孩子，这些也是设计。设计是为了达成有意义的秩序而进行的有意识而又富有直觉的努力。”[①]由此，设计作为人类最基本的活动，它深入生活的方方面面。狭义的设计是指设计艺术领域的一种创作行为，它作为过程，是设计师的创作活动；它作为结果，是设计的最终成品——设计物（图 1–1）。

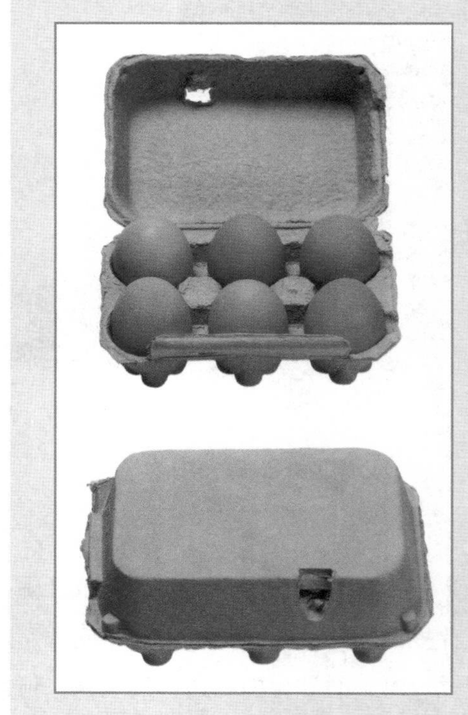

图 1–1　蛋盒包装，1997 年设计

而我们在设计批评的研究中，主要是着眼于后者，限定在设计艺术领域。

二、何为批评

在日常语言中，批评是一种否定性行为，它是由批评者指出被批评者的缺点和错误，并分析其原因，但这只是批评的一种语义。批评的另一层语义包含了研究、描述、分析、阐释、区分、分辨、审查、评价、选择等，同时批评行为既可以是语言上的、文字上的，也可以是行为趋向上的。因此，了解“批评”语义的丰富性，要克服批评在日常语义中的否定性思维，要看到“批评”在区分、分辨、审查、评价等层面上的内涵，这样才能全面正确地理解“批评”。

三、何为设计批评

清楚了“设计”与“批评”的内涵，那么在设计学的范畴内，设计批评也有广义和狭

① ［美］维克多·帕帕奈克著：《为真实的世界设计》，周博译，中信出版社，2013 年版，第 3 页。

图 1-2　2007 年的 iphone

义之别。

广义的设计批评，作为一种对设计活动及其结果的批判行为，它既可以是文字、语言上的，也可以是消费行为上的。由此，广义的设计批评者是指设计的欣赏者和使用者[①]，这既包括了专业的设计批评家，也包括了广大的设计消费者。由于设计必须被消费，有大量的批评者就是设计的消费者。如果你购买了一款手机，那么你就是这款手机的设计批评者，在使用这款手机的过程中，你必然会体会到或愉悦或糟糕或说不清道不明的复杂情感（图 1-2）。所以，我们说人人都是设计师，也可以说人人都是设计批评者。但是，严肃的专门化的设计批评，很显然不同于一般公众的消费式批评。这里，我们更多关注专门化设计批评。

专门化设计批评，亦即狭义的设计批评，是对设计活动及其结果进行批评，“是指对以设计产品为中心的一切设计现象、设计问题和设计师所做的理智的分析、思考、评价和总结，并通过口头、书面方式表达出来，着重解读设计产品的实用、审美价值，指出其高下优劣”[②]。它尤其集中在两个方面：一方面指向设计过程，对设计方案进行比较、评定，从而确定方案的价值，判断其优劣，以便筛选出最佳设计方案；另一方面也指向设计的结果（物化产品或环境设计等）的批评。针对前者，设计批评能有效地保证设计的质量，减少设计中的盲目性，提高设计的效率和成功率；针对后者，设计批评能发现设计上的不足之处，为新一轮的改良设计提供科学的决策，为设计改进提供依据。

① 尹定邦著：《设计学概论》，湖南科学技术出版社，2003 年版，第 215 页。

② 章利国著：《现代设计社会学》，湖南科学技术出版社，2005 年版，第 205 页。

第二节　设计批评的特点和原则

设计批评作为一种对设计活动的批判行为，它有着什么样的特点呢？同时，批评者在批评的过程中应遵循设计批评自身的哪些原则呢？

一、设计批评的特点

由于设计的范围很广，涉及衣、食、住、行、用等诸多领域，它的性质决定了设计批评的特点：

（一）内容多样性

设计是一项复杂的创造性活动，需要考虑的因素很多，在设计批评的指标内容中，必然包含很多方面的因素，如功能方面、审美方面；造型、色彩、装饰；设计的社会效益与经济效益、文化效益；民族性、时代性等（图 1–3）。从评价内容的多样性出发，可形成一套比较完整的评价体系：功能体系、技术体系、材料体系、结构体系、人机体系、安全体系、价值体系、审美体系。总之，设计批评的指标内容非常多，不同的设计对象有不同的指标体系；不同的批评主体也会选择不同的指标内容。

图 1–3　阿尔瓦·阿尔托 1936 年设计的甘蓝叶瓶

（二）标准的客观性与主观性的统一

由于设计中含有较多的物质的内容，如技术是否可行、材料是否浪费、结构是否达到合理性、功能是否达到目的性等，这些都属于科学而客观的批评标准；但是由于设计中也包含很多精神性、审美性、艺术性等感性内容，因此，在设计批评活动中，不能完全依靠理性思维，标准也无法完全客观，还得依赖直觉思维。直觉性的批评表现为：我们一看到设计作品，从视觉（造型、色彩、装饰）、触觉、听觉、嗅觉等感觉上，就能直接地感受到好还是不好，不需要逻辑思维（判断、推理等），只需要感觉的直觉性和直观性。总之，设计批评的标准，既有客观的，也有主观的，它是主客观的统一；既不完全是理性的，也不完全是直觉的、感性的，而是理性与感性的统一。

（三）批评主体的大众性

由于设计与所有人都发生关系，因此，人人都可以对设计说长论短。从批评主体看，设计批评显然不同于文学批评、音乐批评等，后者往往是专家的批评，与普通百姓关系不大，但是设计活动及其结果，普通百姓可以从他们使用的经验和感受出发，对之进行切合实际的批评，这也是设计批评的特殊之处，而纯文艺批评是无须经过使用过程的。因此，设计批评不仅仅是设计师的事，它不同于文艺批评，它包括所有使用者的批评。

二、设计批评的原则

设计批评原则主要有生活原则、优化原则和整体性原则。

（一）生活原则

图 1–4　铜牛灯　东汉

生活原则就是从生活出发的原则。我们说设计来源于生活，是指设计是人对生活的需要；设计从根本意义上来说，就是设计人们的生活方式，所以设计的批评原则是生活以及生活的需要。这个原则强调了设计不仅要满足人们的物质生活、精神生活，重要的是建立合理的生活方式和宜人的生存环境。在生活原则的大背景下，它包括一些具体的批评原则，如适用原则、美学原则等（图 1–4）。

（二）优化原则

无论是在设计构思阶段，还是在完成阶段，都可以用优化原则对之进行全方位的批评。一个设计项目，可以有多种设计方案，在这些方案中，

图 1-5　迈克尔·格雷夫斯 1985 年设计的叫壶 9093

肯定能找到比较好的一种，即优化方案。设计批评就是优化设计的一种手段。优化原则落实到设计实践中，就是创新原则、创优原则等（图 1-5）。

（三）整体性原则

由于设计是一项复杂而又系统的活动，设计批评的原则就要着眼于整体把握，把设计活动放在“人—物—环境—社会”这样一个大系统中进行考察，不能为设计而设计。设计的目的不是物，而是人！设计要处理好物与物、物与人、物与环境、物与社会等的关系，设计的终极目标是物、人、环境、社会是否达到和谐（图 1-6）。整体性原则表现在设计作品与设计活动中，就是要提请我们设计师注意设计中的道德原则与伦理原则。

图 1-6　2004 年建成的位于瑞典的宜家博物馆一角

第三节　设计批评学及其相关学科

设计批评作为设计学的一个分支，长期以来在国内的设计艺术研究中处于“薄弱”状态，这既与当下迅猛发展的设计市场与设计实践不相符，也不利于设计学学科的健康发展。设计批评如此重要，对它的研究却不够深入。这一悖论式的困境如何解决？首要的是要建立设计批评学的基本框架，寻找它作为一门学科的必备的构成要素，以利于在具体的设计批评活动中，批评者比较娴熟地运用“设计批评”这一武器。其次，要注意到设计批评学作为一门学科，它与相关学科的区别与联系。在区分中，寻找其存在的立足点和自身价值；在联系中，寻求其知识背景与上下贯通左右相连。

对设计批评本身的研究，构成了设计批评学。设计批评学是关于设计批评的理论，也即元批评，它本身就是设计理论的重要组成部分。批评的理论与具体的批评实践不同，它以设计批评作为研究对象，关注的是设计批评的形成过程和运作方式，以及设计批评本身的特征和价值。本书着重讨论设计批评学的五个方面：设计批评的本体论、设计批评的主体论、设计批评的客体论、设计批评的功能论和设计批评的方法论。

设计批评学作为设计学的一个分支学科，它与设计学的其他分支学科既有区别也有联系。同时，设计批评学又从哲学、美学、艺术理论、艺术史、符号学、伦理学、心理学、社会学等学科中汲取营养，特别是艺术批评学和建筑批评学为设计批评学提供了丰富的理论资源。以下仅就设计批评学与设计史、设计理论、设计美学和阐释学的关系作一简要阐述。

一、设计批评学与设计史

作为一门学科，设计批评学在理论方面的探索必然要涉及古今中外的设计史的许多问题；因此，设计史天然地成为设计批评学研究的理论资源。另一方面，设计史的写作，表面上看是客观公正地记录设计的历史史实，但从中也无不隐蔽地包含着作者个人和社会的取舍标准，而这种标准的来源就与设计批评学密切相关，因此，设计史也可以称之为设计批评史。关于这两方面，尹定邦指出“在理论上讲，设计批评与设计史是不可分割的，因为设计史家的工作建立于他的批评判断之上，而设计批评家的工作基础在于设计史教育和经验。”[①]可以说，扎实的设计史知识是设计批评家的工作基础，而敏锐的设计批评素养也是设计史家不可或缺的理论武器。在实践中，设计史家更关注过去的历史，而设计批评家着眼于当下的作品乃至未来的发展趋向。

二、设计批评学与设计理论

设计理论从普遍规律上研究设计的本质、特征、原理、范畴、过程等等相关内容，对设计理论的学习，有助于设计师形成一种规律意识，从而更好地指导自己的设计创造和把握设计的发展趋向。而对于具体的设计作品、设计师和设计流派的研究，则属于以设计理论为指导的设计批评和设计史的领域。另一方面，设计批评学积累的知识营养可进一步丰

---

① 尹定邦著：《设计学概论》，湖南科学技术出版社，2003年版，第9－10页。

富设计理论，为设计理论所吸收。郑时龄说："我们无法想象一种脱离建筑批评和建筑史的建筑理论，无法想象一种脱离建筑理论和建筑史的建筑批评，也无法想象一种脱离建筑理论和建筑批评的建筑史。"[①]建筑批评、建筑史和建筑理论的关系是这样，设计批评、设计史和设计理论的关系也如是。

三、设计批评学与设计美学

设计批评学与设计美学都具有多学科综合的性质。设计美学是把美学原理广泛应用到设计之中而产生的一种应用美学，是通过设计之美的创造，通过设计的美感作用来创造生活、美化生活、美化环境的涉及自然科学、社会科学、人文科学的综合性的、边缘性的、应用性的学科。而设计批评在描述、解释和评价过程中必然会涉及设计美学的观点和方法，批评所做出的任何判断都必须以清晰、深厚的哲理基础作为先决条件，在这方面，设计批评学与设计美学有相似之处。但是它们更有不同之处，设计批评学与设计美学所探讨的并不是同一个问题，如果是同一个问题，那肯定是一个问题的不同侧面；前者基于开放的批判的眼光，后者则是从审美的角度出发。

四、设计批评学与阐释学

阐释学的传统源远流长，它起源于古希腊哲学，中世纪发展为圣经阐释学和文献学。自文艺复兴特别是 19 世纪以来，经过许多学者的努力，阐释学已经成为一门重要的学问。中国古代有"六经注我，我注六经"的传统命题，是指对经典的阐释。欧洲阐释学的传统本源亦是如此。现代阐释学大师伽达默尔认为，一切存在都是阐释学的研究对象。阐释学方法深入地分析作者所处时空中作品的寓意和背后的意图，但是这种探索不可避免地会烙上阐释者自身在意识形态上的先见，因此，阐释又会回到阐释者所处的与作者不同的时空中。[②]就方法论而言，设计批评学与阐释学有本质上的联系，都基于对阐释的运用。在设计批评活动中，批评者要解释作品的功用和价值，所以批评者要借助阐释学的方法，避免自身在意识形态上的局限性。设计批评学会运用阐释学的方法，但它还会运用一些其他的批评方法，如形式批评、结构主义批评、后殖民主义文化批评等方法。

---

① 郑时龄著：《建筑批评学》，中国建筑工业出版社，2001 年版，第 5 页。

② 参见郑时龄著：《建筑批评学》，中国建筑工业出版社，2001 年版，第 7 页。

第二章　中西设计批评思想概说

人类设计活动的创造和发展有着悠久的历史渊源。当人类开始有意识地制造和使用工具时，设计就开始产生了。中国从先秦开始，作为工艺美术的造物活动就成为先秦诸子思考的对象，甚至出现了专门的工艺文献《考工记》，以后历朝历代都有相关文献记载工艺、建筑等设计活动，有关设计活动的批评话语也零散地出现在一些典籍中，形成了中国独特的设计批评思想。西方在古希腊时代，哲人智者就有对美与效用问题的思考，这些话语资源无不影响到后来的设计批评走向。工业革命的发生，西方形成了不同于传统设计的现代设计。设计作为一门独立的学科由此诞生，设计批评话语也为之一变，形成了现代设计批评的独特景观。

第一节　中国设计批评思想的发展历程

中国古代设计源远流长，在先秦诸子的学说以及历史典籍中，就有着非常丰富的对造物设计的思考与评说，还出现了诸多对专门设计品类进行思考与评说的著作，如《考工记》《天工开物》《营式造法》《髹饰录》《长物志》《园冶》《闲情偶记》《陶说》等，这些著作虽然算不上严格意义上的设计批评论著，但其中蕴涵着丰富的设计批评思想。纵观中国设计批评思想的发展历程，可以将其粗略地划分为四个阶段：形成期（先秦至秦汉）、拓展期（六朝时期）、成熟期（隋唐至明清）和转型期（近现代以来）。

一、中国设计批评思想的形成期（先秦至秦汉）

自新石器时代经春秋战国到汉代，中国古代造物设计已形成了比较完整而统一的体系，是中国设计非常重要的形成期。[①]旅美华裔学者巫鸿称这一时期的美术为“礼制时代的美术”，这个时期的造物设计同样深深地刻上了“礼制”的烙印。与此相关，这一时期的设计批评思想在经历了春秋战国“轴心时代”人性觉悟时期，造物设计普遍多样化和设计批评思想多元化之后，到一统天下的秦汉时期，又渐趋同一，由此奠定了中国古代设计的坚实基础，确立起中国设计批评思想的基本框架。可以说这一时期是中国设计批评思想的形成期。

在先秦诸子的学说中是没有所谓的“设计批评”概念的，而且先秦诸子谈论造物的真正用意在于治国平天下，是要落实到具体的人生层面，但是，这不等于说先秦诸子对于设计造物没有自己的看法和思考。从春秋中晚期至汉代的七百余年间，是中国礼仪美术定形的时期；这一时期，有关工艺设计的观念，散见于诸子百家的著作中。这些看法和观念，就是后来设计批评思想的萌芽，它对后世的设计实践和设计批评活动起着相当大的影响。其中，孔子、孟子、荀子、老子、庄子、墨子、管子、韩非子等人的思想，特别是中国最早的一部工艺著作《考工记》中的设计造物思想，是中国古代设计批评思想的重要资源。

（一）孔子重视器物的社会价值

孔子是儒家思想的开创者，非常重视器物的社会价值。“商周以来的自然观和德治传统进入春秋时代，被孔子为代表的仁学儒家赋予了新的内容，逐渐转化为‘人文’的个体自觉要求，形成了高度重视礼乐的理性的‘社会之道’。”[②]儒家重社会之道，需要“礼”来体现和规范，并往往借器喻人，以器物来比喻、象征人的道德情操，如以玉比德。可见，儒家非常重视“器”所承载的社会意义，如礼器之“器”（图 2－1）。

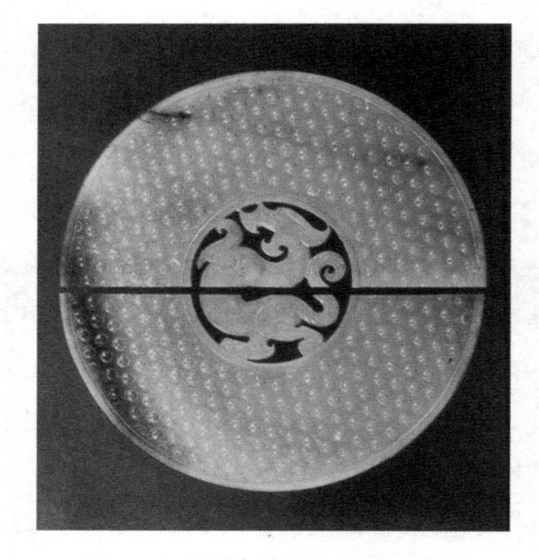

图 2-1　玉镂空螭虎纹合璧　战国

① 李立新著：《中国设计艺术史论》，天津人民出版社，2004 年版，第 24 页。

② 李立新著：《中国设计艺术史论》，天津人民出版社，2004 年版，第 62 页。

中国古代文化是一种礼乐文化，因此中国古人典型的生活方式就是礼乐生活。孟德斯鸠说："中国人的生活完全以礼为指南。"[①]"礼"规范、约束、引导人们的生活行为，如礼俗、礼仪、礼制、礼义等，一直是中国古人的行为准则，因而形成特定的生活方式。古代人的生活方式是"礼"的载体，而这个载体是物质与精神、内容与形式的统一体，这其中自然包括古代的各种器物。因此，研究古代器物必须关注古人的生活方式，我们只有对古人的生活方式有了比较深刻的理解和认识，才能容易理解和认识那些体现古人生活方式的器物。那么，生活方式由何而来？钱穆认为："各地文化精神之不同，穷其根源，最先还是由于自然环境有分别，而影响其生活方式。再由生活方式影响到文化精神。"[②]也即是说，自然环境是通过生活方式影响到文化精神的面貌，而生活方式是由自然环境所决定的。显然，钱穆过分强调自然环境因素对生活方式的影响，其实决定生活方式的因素还有政治体制、经济发展水平、科技发明等。古代新器形的创制从某种意义上说也是一种科技发明，在这些不同时代的不同器形上也沉淀着古代圣贤治理国家的各种观念，所以，郭嵩焘说："三代王者之治，无一不依于礼。将使习其器而通其意，用其文以致其情，神而化之，使民宜之。"[③]也就是说，礼是古代君主统治人民的工具，而体现古人生活方式的器物则是礼治的载体。人们通过了解器物的名称、形制而掌握它的用途，通过纹饰[④]而知晓它的意义，从而有助于礼乐生活在社会各个阶层中展开。

（二）墨子的造物思想

墨子和整个墨家都对制器、操器有着浓厚兴趣，但是他们反对滥用礼器，提出了"非乐节用"的思想。《墨子·节葬下》曰："今王公大人之葬埋则异于此，必大棺中棺，革阓三操，璧玉即具，戈剑鼎鼓壶滥，文绣素练，大鞅万领，舆马女乐皆具。……此为辍民之事，靡民之财，不可胜计者也。"[⑤]据《墨子·非乐上》载："是故子墨子之所以非乐者，非以大钟、鸣鼓、琴瑟、竽笙之声，以为不乐也；非以刻镂华文章之色，以为不美也；非以犓豢煎炙之味，以为不甘也；非以高台厚榭邃野之居，以为不安也。""以此亏夺民衣食

---

①【法】孟德斯鸠著：《论法的精神》（上册），张雁深译，商务印书馆，1978年版，第316页。

② 钱穆著：《中国文化史导论》（修订本），商务印书馆，1994年版，第2页。

③ 杨坚点校：《郭嵩焘诗文集》，岳麓书社，1984年版，第118页。

④ 杨晓能指出："青铜器纹饰不是艺术家或匠人即兴的天才发明，它孕育于深厚的政治背景和浓郁的宗教氛围。当时社会多方面的本质性变革导致了王朝体制在古代中国的出现，同时也促成了青铜礼器及其装饰的问世。"见【美】杨晓能著：《另一种古史：青铜器纹饰、图形文字与图像铭文的解读》，唐际根等译，生活·读书·新知三联书店，2008年版，第326页。

⑤《墨子·节葬下》，见李小龙译注：《墨子》，中华书局，2007年版，第96－97页。

之财，仁者弗为也。”[①]这是墨家与儒家的不同之处，集中表现在它明确反对儒家的厚葬以及对器物的过度装饰，认为这是劳民伤财的事情，对国家、社会和人民都是非常有害的。

（三）老庄的造物思想

老子对器具一直存有戒心，“使有什伯之器而不用……虽有舟舆，无所乘之；虽有甲兵，无所陈之。使民复结绳而用之。”[②]“天下多忌讳，而民弥贫；人多利器，国家滋昏；人多伎巧，奇物滋起；法令滋彰，盗贼多有。”[③]即在老子看来，正是器的大量出现，导致社会的混乱与道德的堕落。庄子对“器”的看法与老子非常相似，也反对机械器具，认为“有机械者必有机事，有机事者必有机心。机心存于胸中则纯白不备。纯白不备则神生不定，神生不定者，道之所不载也。吾非不知，羞而不为也。”[④]庄子虽然反对器具，却非常重视“技”，如庖丁解牛、轮扁斫轮、匠人运金等，它们都属于“技进乎道”的范畴。

老子的思想可以看作中国古代的自然主义，但对《老子》中“自然”的理解，又不能等同于西方现代哲学中的“自然主义”。老子实际上是用“道”的自然无为，同时也就是用自然界的自然无为来解释世界。[⑤]人类社会生活以外的那个世界，是深奥难测的，也是充满无穷活力的。这个自然世界的奥秘与活力，是远远超出人们的想象与理解的范围。老子崇尚自然，就是顺应自然，而不是违反自然。老子强调“无为”，“为无为，则无不治。”[⑥]“无为”不是什么都不做，而是以无为的方式去做。所谓无为的方式，就是强调人应该不去违反自然规律去“妄为”，唯有如此，才能达到“无为而无不为”[⑦]的结果。老子的这种自然主义的思想——“无为”——既是他的处世哲学，更是他的政治观点与治国方略。老子的这种崇尚自然无为的思想，对艺术创作、创物制器具有启示意义。优秀的艺术作品和器物，一方面是艺术家、匠师精心创作或制作出来的，另一方面又显得浑然天成、没有人工斧凿的痕迹，这就是老子所谓的“大巧”。[⑧]而这种“大巧”的实现，正是在创作与制作过程中体现了自然之道。

庄子也提倡顺应自然，甚至比老子的态度更加激进，他反对任何改变自然的行为。

---

①《墨子·非乐上》，见李小龙译注：《墨子》，中华书局，2007年版，第138页。

②《老子》第八十章，见陈鼓应注译：《老子今注今译》，商务印书馆，2003年版，第195页。

③《老子》第五十七章，见陈鼓应注译：《老子今注今译》，商务印书馆，2003年版，第280页。

④《庄子·天地》，见曹础基著：《庄子浅注》，中华书局，2002年版，第172页。

⑤ 参见刘纲纪著：《传统文化、哲学与美学》，武汉大学出版社，2006年版，第23页。

⑥《老子·三章》，见陈鼓应注译，《老子今注今译》，商务印书馆，2003年版，第86页。

⑦《老子·四十八章》，见陈鼓应注译，《老子今注今译》，商务印书馆，2003年版，第250页。

⑧《老子·四十五章》，见陈鼓应注译，《老子今注今译》，商务印书馆，2003年版，第243页。

《庄子·在宥》篇曰："有天道，有人道。无为而尊者，天道也；有为而累者，人道也。"[①]庄子提出天道与人道的分别，"无为"是天道，即自然；"有为"是人道，即人为。在庄子看来，"自然"是优于"人为"的。《庄子·天地》篇曰："无为为之之谓天。"[②]也即任其自然，没有丝毫人为的痕迹，就是符合"天道"。《庄子·秋水》篇曰："何谓天？何谓人？……牛马四足，是谓天；落马首，穿牛鼻，是谓人。"[③]从中我们可以看出庄子所推崇的"天道"，就是"自然之道"，亦即天地的"常然"状态，所谓"常然者，曲者不以钩，直者不以绳，圆者不以规，方者不以矩，附离不以胶漆，约束不以纆索。故天下诱然皆生，而不知其所以生；同焉皆得，而不知其所以得。"[④]所以，庄子在对待自然与人为的态度上是明晰的，即极力赞赏没有斧凿之痕的"自然"，反对"人为"，所以荀子一针见血地指出庄子学说的弊端："庄子弊于天而不知人。"[⑤]所谓"弊于天"即纯任自然；所谓"不知人"即不发挥人的主观能动性。因此，可以说，庄子的这种思想不利于古代器物设计的发展。但是他所提倡的返璞归真的思想，对古代器物中"自然""清新""素朴"趣味的养成起到了很大的促进作用。

（四）《易传》中的造物思想

"制器尚象"对古代器物的造型设计产生了深远的影响。《易传·系辞上》云："制器者尚其象。"[⑥]《易传·系辞下》亦云："夫乾确然，示人易矣。夫坤隤然，示人简矣。爻也者，效此者也。象也者，像此者也。"[⑦]"是故《易》者，象也。象也者，像也。"[⑧]这其中的"象"，作名词就是卦象、物象、形象之意，作动词就是象征、取象、模拟之意。而"象"只是"像"，"像"是仿佛像，但并不是简单的直接模拟自然，而是抹上了人的主观创造色彩。因为除了仿生学意义上的模拟外，绝大多数都不是可在自然中模拟的，所以，卦象的创生一方面是通过对天地万物及人自身形象的模拟而实现的，其中的"模拟"只是一个大体的象征而已，并非逼真的再现。另一方面则是人的主观创造。"制器尚象"中的"器"与"象"是两个不同的概念，《易传·系辞上》曰："见乃谓之象，形乃谓之器。"[⑨]

---

①《庄子·在宥》，见曹础基著：《庄子浅注》（修订本），中华书局，2000年版，第156页。

②《庄子·天地》，见曹础基著：《庄子浅注》（修订本），中华书局，2000年版，第160页。

③《庄子·秋水》，见曹础基著：《庄子浅注》（修订本），中华书局，2000年版，第244页。

④《庄子·骈拇》，见曹础基著：《庄子浅注》（修订本），中华书局，2000年版，第122页。

⑤《荀子·解蔽》，见安小兰译注：《荀子》，中华书局，2000年版，第218页。

⑥《易传·系辞上》，《周易正义》，【清】阮元校刻：《十三经注疏》，中华书局，1980年版，第81页。

⑦《易传·系辞下》，《周易正义》，【清】阮元校刻：《十三经注疏》，中华书局，1980年版，第86页。

⑧《易传·系辞下》，《周易正义》，【清】阮元校刻：《十三经注疏》，中华书局，1980年版，第87页。

⑨《易传·系辞上》，《周易正义》，【清】阮元校刻：《十三经注疏》，中华书局，1980年版，第82页。

图 2-2　红陶兽形器　大汶口文化

“见”在古代是“现”之意，是象的显现。胸中之象加以赋形就成为器，但胸中之象一旦赋形，由于赋形之人的手艺有高有低，往往又“倏作变相”[①]，所以这个“形”所构之“器”未必就与胸中之象相吻合。因此，由“象”到“器”是一个复杂的赋形—成器的过程（图 2－2）。

从古代艺人的设计实践来看，器物设计中的造型设计是本着“制器尚象”的传统，它取法自然、巧法造化，而其“法”自然与造化，与古希腊的模仿说还是有着很大的区别。正如刘纲纪所说，古希腊的模仿说主要是对自然作一种感性形象的描摹、再现，而中国古代创物制器中的“尚象”“象其物宜”，却不是对天地万物的简单模仿，而是通过器物造型设计中象征手法的运用，以引起人们对自然的联想与关注，以及对宇宙大“道”的把握与体认，这其中“象”就成为“器”传承宇宙间万物之“道”的中介与显示符号。《周易》的模仿说，是一种符号模仿说，而且是以符号显现事物变化的规律，而不是指对单个的事物的模仿。如果说卦象也是模仿，那么它是用哲学符号对宇宙变化的普遍性规律进行模仿。[②]《周易》用哲学符号对天地万物及其变化规律进行模仿，古代匠师造物制器显然也是受到了它的启示，即用艺术符号对天地万物及其变化规律进行模仿。

（五）《考工记》中的造物思想

我国最早的一部工艺文献《考工记》曾记载：“天有时，地有气，材有美，工有巧，合此四者，然后可以为良。”[③]即时令节气、地理环境、材料质感、人工巧作这四个因素相结合，就能创造出精良的器物。从古至今，创物制器往往要从选用材料开始，匠师要了解材料的特性，即“审曲面势”“以饬五材”[④]，然后才能着手设计与制作。

---

① 【清】郑燮著：《郑板桥集・题画・竹》，见《郑板桥集》，中华书局，1962 年版，第 161 页。

② 刘纲纪著：《<周易>美学》，武汉大学出版社，2006 年版，第 240 页。

③ 闻人军著：《考工记导读》，中国国际广播出版社，2008 年版，第 159 页。

④ 《冬官考工记第六》，《周礼注疏》，【清】阮元校刻：《十三经注疏》，中华书局，1980 年版，第 905 页。

《考工记》说："知者创物，巧者述之，守之世，谓之工。"[①]先秦时期把百工称作"巧者"。《说文》曰："工，巧饰也，象人有规矩也。"[②]"巧"在中国古代创物制器中表现为"巧思"与"巧作"[③]。从《考工记》的阐述来看，百工之"巧"主要体现在所谓"审曲面势，以饰五材，以辨民器"的本领与技巧方面。即在具体的造物过程中，要了解材料的特性，要有运用自己的才思巧智与独特的技艺来创物制器的能力。"审曲面势"就是在设计制作之前对材料的自然属性作出应有的认知与判断，以便决定它的基本造型以及采取何种工艺与制造方法来进行加工制作等，这其中自然包括如何处理材料中的瑕疵，或巧妙地利用它，或化腐朽为神奇，这也就是中国古代器物制作中的"巧作""巧饰"传统。

二、中国设计批评思想的拓展期（六朝时期）

六朝是我国历史上一个长期混乱的时代，政权更替频繁，史家也称魏晋南北朝为六朝。由于连年战乱，各民族人民之间被迫的交流增加了，这有利于手工业的发展；同时，由于北方战事不断，人们就不断地向相对安稳的南方移民，各种手工技术也带到了南方，推动了南方手工业的发展。

三百六十多年的混战局面，人民饱受战乱之苦和苛捐杂税的盘剥，精神的苦闷、忧伤给佛教的传播带来了良机，佛教得到了前所未有的大发展，六朝的设计常常体现出浓厚的宗教色彩，有些甚至直接就是宗教的产物。在哲学思想领域，玄学之风大盛，士大夫们崇尚清谈，放任不羁，超然物外，这些无疑也影响了当时陶瓷、丝织、漆器和石雕的设计与制作，使之呈现出虚静、恬淡、超凡脱俗的品格。

首先，六朝设计批评思想中具有宗教情怀。汉末魏晋时期，伴随着社会政治的动荡，儒学衰落，道教佛教相继昌盛，加之玄学风行，形成了中国文化的多元发展时期，是"最富有艺术精神的一个时代"（宗白华语）。这一时期，造物设计思想深受宗教思想的影响。佛教自东汉传入中国，借助造物设计进行佛事活动，宣扬其宗教教义，使一部分中国造物设计佛教化，其纹样造型也影响到一般日常生活用具的设计。[④]如莲花纹和忍冬纹就非常流行，从而部分地取代了先秦中国本土的云气纹、茱萸纹和几何纹等；还有莲花型的尊、壶、碗、盘、杯等造型逐渐增多（图2－3，图2－4）。

---

① 闻人军著：《考工记导读》，中国国际广播出版社，2008年版，第159页。

②【汉】许慎撰：《说文解字》，中华书局，1983年版，第100页。

③ 参见徐岚、徐飚著：《古代器物设计初探：关于成器之巧》，《浙江工艺美术》2003年第3期。

④ 李立新著：《中国设计艺术史论》，天津人民出版社，2004年版，第97页。

图 2-3　青瓷莲瓣纹托碗　南朝

图 2-4　青瓷莲花尊　南朝

其次，玄学的盛行影响了六朝设计批评的趣味。魏晋玄学重言意之辨、形神之论，对人物的评藻也影响了人们对器物的品评。反映在装饰题材上，它开始打破了过去的神兽云气的传统内容，而出现了反映当时宇宙观的新题材。这可以以竹林七贤砖画为代表。[①]玄学的趣味使当时的设计批评思想趋向于玄虚、空疏的方向发展。

六朝时期在中国设计批评思想的发展史上，上承两汉，下启隋唐，是一个重要的拓展期。六朝以后，中国儒、道、佛三家合流，共同影响和规定着后来中国设计批评思想的发展走向。

三、中国设计批评思想的成熟期（隋唐至明清时期）

中国设计批评思想经过了先秦至秦汉的酝酿而基本成型，到六朝由于玄、道、佛的兴盛，更是拓展了其视野。从隋唐开始，儒、道、禅三家思想合流，基本规定了清末西学进入以前中国文化的发展走向。在这一大背景下，中国设计批评思想从隋唐经宋元到明清也逐渐地趋于成熟。说它趋于成熟，主要是指在这一个长的历史时段，中国古代设计出现了几次发展高峰，形成了各具时代特色的设计风格；与此相关，中国设计批评领域从隋唐开始，出现了越来越多的专门性工艺批评文献，开始有了自觉总结工艺经验与成果的意识。其中最自觉的方式就是官府或个人以文字形式整理记录的史料，有基于实际生产标准化需要的经验总结，如《营造法式》；更多的是出于作者个人兴趣的记述，如《梓人传》《天工

---

① 田自秉著：《中国工艺美术史》，东方出版中心，1985年版，第184页。

开物》《长物志》《闲情偶寄》等，这些著作都包含着丰富的设计批评思想。

（一）《梓人传》中的总体设计观

《梓人传》是唐代著名文学家柳宗元为工匠（梓人）作传。文章通过对一位自荐的杨氏木工匠师关于营建设计的见解和作者实地观察的描述，表达了作者认为宰相行政要注重大局协调及谋大略的主张，但文中记述"梓人"具体的实践时，也明确肯定了总体设计的运用法则和重要作用。文章正确指出了工艺创作中总体设计的运用法则是：设"规矩绳墨以定制"，"善运众工而不伐艺"。它的作用是有效合理地指挥、调整各项具体技术工作的发挥及其之间的配合，完成整个设计意图。[①]《梓人传》中的总体设计观的提出，反映了数千年来中国民间匠师在不断的设计实践中，总结出的一些规律和法则。

（二）《营造法式》中的建筑设计与管理思想

《营造法式》是宋代李诫编的一部建筑典籍，是北宋官方颁布的一部建筑设计、施工的专业书籍。内容涉及建筑设计、结构、用料、制作和施工各方面，全面反映了宋代建筑设计与管理思想。可以说，《营造法式》就是当时的建筑法规。

1. 注重模数的制定和运用。《营造法式》对于结构构件采用材分模数制，这已类似于包豪斯 20 世纪 20 年代提出的模数概念。[②]

2. 提倡设计的灵活创造性。《营造法式》包含"有定法而无定式"的指导思想，它对各工种的操作规程虽然都有相应的做法规定，但允许工匠"随宜加减"，在各"作"制度的总原则下，对建筑单体和构件的比例、尺寸可以按照实际情况来确定，充分发挥工匠的创造性。

3. 提倡装饰与结构的统一。《营造法式》提倡充分利用结构构件，加以适当地艺术加工，从而发挥其装饰效果。

4. 注重建筑生产管理的严密性。《营造法式》围绕"关防工料，节约开支，保证质量"的目的，不仅规定了按工艺要求高低分上、中、下三等工和按季节分长、中、短三等工的计算标准，而且还根据材料容重、搬运距离和材料使用情况规定了不同的估工方法，其条例之精细明确，令人叹服。[③]

（三）《天工开物》中的设计思想

宋应星撰写了一部反映明代科技成就的专门著作《天工开物》，全书分上、中、下 3 卷，共 18 章，书中详细记述了染织、服饰、陶瓷、金属、珠玉等各种手工业的全部生产

① 奚传绩编：《设计艺术经典论著选读》，东南大学出版社，2005 年版，第 30 页。

② 郭廉夫、毛延亨编著：《中国设计理论辑要》，江苏美术出版社，2008 年版，第 646 页。

③ 潘谷西著：《关于 < 营造法式 > 的性质、特点、研究方法》，《东南大学学报》，1990 年第 5 期。

过程，还绘制了123幅插图，是一部极为重要的研究明代手工艺的宝贵资料，被誉为“中国17世纪的工艺百科全书”。

明代宋应星的《天工开物》记录了大量工艺技术（工巧）的内容，并涉及了造物之道与自然的关系，特别是他的“天工”与“开物”的思想。潘吉星在译注《天工开物》时分析说，《尚书·皋陶谟》中有“天工人其代之”句，《易经·系辞》中有“开物成务”句，宋应星反其意而用之，“天工开物”可以释为“天然界靠人工技巧开发出有用之物”。[①]正如日本科学史家三枝博音所评价：“‘天工’是与人类行为对应的自然界的行为，而‘开物’则是根据人类生存的利益将自然界中所包藏的种种由人类加工出来。”[②]因而“天工开物”所表达的是人的工巧、技术对自然材料的开发与利用，它强调了工巧与美材即人与自然界的辩证关系，天时、地气、材美通过工巧而达成一体。百工之事虽然一方面受到天、地、材等自然环境等客观因素的制约，但另一方面也成于百工的巧智与绝技。这种思想观念深深地影响着中国古代的造物制器活动。《天工开物》虽然是一部技术性很强的书，但从设计审美与批评的角度看，全书除了介绍各种具体的工艺方法外，在卷首和每一章的开头，都有简略的论述，以阐明作者的看法，有些论述很是精辟。

（四）《长物志》中的设计思想

《长物志》是明代文震亨的著作，他在文学、书画、音乐、造园等艺术领域均有高深造诣。该书概述了明代文人雅士居家生活的物质环境，可以通俗地理解为具有士大夫休闲情趣的生活指南，是我国造园学和艺术设计学遗产中的珍贵文献。该书卷六《几榻志》、卷七《器具志》与产品设计的联系紧密，特别是文中一些观点如“尚用”“韵物”古朴自然等，以及反对过于“绚丽”的装饰等，对今天的设计审美与批评仍有现实指导意义。

文震亨对器物的形态设计提出“随方制象，各有所宜”的观点，对我们今天的设计仍然具有启示作用。

（五）《闲情偶寄》中自然、清雅的设计思想

《闲情偶寄》为明末清初李渔撰。该书包括戏曲理论、饮食、营造、园艺、工艺等方面内容，其中卷八至卷十一，为“居家部”和“器玩部”。

居家部如房舍、窗栏、墙壁、联匾各条，多与大小木作、土作、瓦作有关，内中于计划布置，别出心裁，提倡“宜自然不宜雕斫”[③]。特别是窗子的设计要达到：“窗棂以明透

① 潘吉星译注：《天工开物译注》，上海古籍出版社，1993年版，第1页。

② 潘吉星译注：《天工开物译注》，上海古籍出版社，1993年版，第1页。

③【清】李渔著：《闲情偶寄》，江巨荣、卢寿荣校注，上海古籍出版社，2000年版，第190页。

为先”，[①]“开窗莫妙于借景”。[②]窗子在中国园林艺术中的作用，除了它的“通透”外，还有一项重要的艺术功能——画框的功能，就是它能把自然界中的湖光山色、云烟竹树、牧童樵夫、渔舟唱晚、茅屋板桥等等纳入漏窗这个“画框”中，就像李渔所说的，“变昨为今，化板为活，俾耳目之前，刻刻似有生机飞舞”[③]，仿佛一幅幅生动活泼的天然图画（图2－5）。

图2-5　苏州留园一景

器玩部皆为日用所需，如几案、床帐、橱柜、箱笼筐笥、炉瓶、屏轴、茶具、酒具、碗碟、灯烛、笺简和骨董陈设等。[④]该部有诸多独到的设计体验，器物要讲求清新雅致（图2－6）。

图2-6　黄花梨十字栏杆架格　明

隋唐至明清是中国传统设计发展的黄金时期，此一时期，设计风格上出现了隋唐的华丽（图2－7），宋代的典雅（图2－8），明清的精致等（图2－9）。与此相适应，中国传统的设计审美与批评在逐渐趋于成熟，出现了众多与各个设计门类相关的批评总结性著作。

四、中国设计批评思想的转型期（近现代以来）

19世纪后半叶，中国社会发生了一些巨大的变化，不论是在思想层面，还是在器物领域，改革的呼声势不可挡。在西学东渐的冲击中，中国设计领域迎来了一

① 【清】李渔著：《闲情偶寄》，江巨荣、卢寿荣校注，上海古籍出版社，2000年版，第189页。

② 【清】李渔著：《闲情偶寄》，江巨荣、卢寿荣校注，上海古籍出版社，2000年版，第193页。

③ 【清】李渔著：《闲情偶寄》，江巨荣、卢寿荣校注，上海古籍出版社，2000年版，第195－196页。

④ 奚传绩编：《设计艺术经典论著选读》，东南大学出版社，2005年版，第53页。

图 2-7　三彩贴花龙首虎

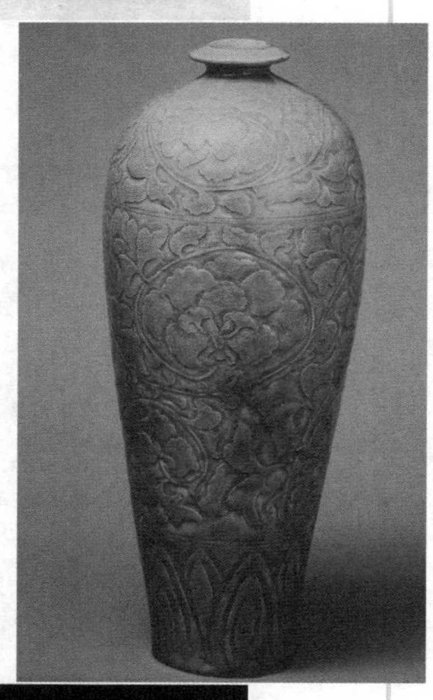
图 2-8　青瓷牡丹萱草纹瓶　北宋

图 2-9　蝴蝶纹梅瓶　清乾隆

个巨大的变革时期，“具有数千年历史并独具特性的中国造物艺术，随着西方器物的进入和近代工业化的发展而面临着前所未有的外部压力。之后的 150 年，造物艺术在曲折复杂的窘境中始终交织着各种矛盾的冲突”。[①]在传统与现代、继承与变革的诸多冲突中，中国近现代设计批评思想一直处于动态的发展过程中，特别是受特定的历史条件的制约和影响，经历了多次的调整与完善。

近代中国发生了巨大变革，古老的中华文明遭受了西方文明的无情打击。面对西方的强势文化，中国近代的志士仁人提出了诸多救国救民的思想和方略。其中，以林则徐、魏源提出的“师夷长技以制夷”的思想影响最大，这一思想主张使中国传统设计开始发生转型，国人面对西方文明，或拒绝接受，或惊奇尝试，或积极引进。从洋务运动开始，西方的技术、设计形式逐步融入中国的近代设计中来，或通过实业来开启中国近代设计实践，或通过晚清的工艺教育和民国时期的图案、工艺教育来培养新型的设计人才。

中华人民共和国成立后，在以美国为首的帝国主义阵营和以苏联为首的社会主义阵营紧张对峙的国际环境下，新中国在政治、经济、文化等方面都采取了“一边倒”即“倒向苏联”的政策。

① 李立新著：《中国设计艺术史论》，天津人民出版社，2004 年版，第 139 页。

在文艺领域，从苏联传入的“社会主义的内容和民族形式”深刻影响了新中国的文化艺术，包括艺术设计、建筑设计的发展。“社会主义的内容和民族形式”成为艺术设计家和建筑设计师的金科玉律。[①]照搬、借鉴苏联的模式，大量引进国外已完成了设计之后的成套生产设备、图纸、模具、工艺以及人员，是这一时期设计生产领域的明显特征。1956 年苏共二十次代表大会以后，中国与苏联的关系发生裂痕，人们开始怀疑“一边倒”的做法，开始反省中国设计领域中的缺点和错误。“实用、经济、在可能的条件下注意美观”成为当时的设计方针。可惜这一方针在随后的“大跃进”和“文革”期间，都没有很好地得到贯彻。

改革开放以后，当西方一些先进国家的产品设计进入中国市场时，国人惊讶不已，意识到了与西方的巨大差距，意识到了产品设计的重要性；紧接着是模仿、借鉴、学习，在 20 世纪八九十年代设计理论界出现了“构成与图案之争”以及西方现代主义之后的各种设计热潮。西方各种设计热潮的纷纷登陆，一方面反映出中国传统设计向西方现代设计的过渡，建立在农业经济基础上的中国传统设计已不能适应现代市场经济的发展，在中西融合的全球化浪潮中，中国现代设计要想获得很大发展，必须以开放的心态，先拿来后吸收；另一方面，在这一过程中，模仿多于学习，形式压倒内容。对于西方现代设计的各种潮流，往往被其表面形式吸引，而对其实质内容不得要领。于是乎，当所谓的中国设计越来越与国际市场接轨时，千篇一律的东西多了，民族的特色少了；在“中国制造”傲视全球时，“中国设计”却举步维艰。

第二节　西方设计批评思想的发展历程

自从人类开始使用和制造工具，设计活动即随之产生。最初的设计不是人的自觉行为，而是人类为了适应严酷的自然环境而进行的物质生产活动。虽然设计活动一直伴随着人类的历史发展过程，但只是到了西方工业革命以后，经过对设计活动的思考与批判、改革与完善的过程，设计才逐步成为一门新兴的学科。从古希腊罗马时期到中世纪，再到文艺复兴以来，关于设计的思考与批判，零散而不系统。而工业革命的发生，将设计从生产、制造、销售中分离开来，设计从此走上独立的道路，形成现代设计体系。从英国艺术与手工艺运动始，到德国包豪斯的建立，再到后现代设计的出现，伴随着现代设计发展的步伐，真正意义上的设计审美与批评也经历着它的酝酿期、成熟期和反叛期，从而一步步地走向完善。

① 陈瑞林著：《中国现代艺术设计史》，湖南科学技术出版社，2002 年版，第 98 页。

一、传统技艺范畴下的设计批评概况

（一）古典时期的设计批评概况

人类的设计活动源远流长，但对设计活动产生自觉的批评意识，却是比较晚近的事情。古希腊是西方文明的开端，古希腊和古罗马的设计文化两千年来一直没有因历史的变迁而中止，实际上它成为西方设计源头。[①]西方历史习惯于称这一时期为古典时期。

西方古典时期的设计活动，有一个显著的特征，即人们的艺术活动和实践活动纠结在一起，艺术领域和非艺术领域（实践领域、交际领域、宗教领域等）之间的界限极不明显和极不确定。[②]在古典时期，技术与艺术同源，“设计”很难同工匠的“制作”相区分；“艺术”是用来表示各种技艺（亦即按照固定的规则与原则所从事的）的一个术语。建筑师、雕塑家与泥瓦匠的工作都符合这一规定，仅仅只是制作。工匠们在制作与销售的过程中，通过运用熟练的技能和丰富的经验，不断地改进和完善自身的技能。

正是因为这一时期艺术与技术、设计与制作的难分难解，对这个时期设计活动的思考与批评也散见于古典时期的哲学家和艺术理论家的探索中。他们对各类艺术的评价依据不仅是它们的审美特征，而且还有它们作为维护文化的工具所具有的教化作用。[③]古希腊哲学家苏格拉底，在西方哲学中影响很大，却没有留下什么著作。关于他的哲学美学观点，主要依据其门徒克赛纳芬的《回忆录》。其标志着希腊美学思想由自然哲学向实践哲学的转变。由他开始，哲学家们对社会的关注取代了对自然的关注。从此，美与善就密切地联系在一起，而美学与伦理学和政治学也就密切联系在一起了。[④]

苏格拉底美学思想中有许多关于美的问题的思考，这些思考与当时的技艺也不无联系。他把美和效用联系起来，认为美必定是有用的，衡量美的标准就是效用，有用就美。如盾从防御看是美的，矛则从射击的敏捷和力量看是美的。效用与美，直到今天还是现代设计实践与设计批评中的一对重要概念。

柏拉图是继苏格拉底之后古希腊的又一位哲学家。他关于美学问题的思考中包含着相当多对艺术的思索。柏拉图认为艺术在于“模仿”。在他看来，人们所理解的客观现实世界并不是真实的世界，只有理式世界才是真实的世界，而客观现实世界只是理式世界的摹本。对柏拉图来说，最大的真实可以在“理想的形式”中寻找到，这些“理想的形式”是

---

① 何人可主编：《工业设计史》，北京理工大学出版社，2000年版，第16页。

② 凌继尧、徐恒醇著：《艺术设计学》，上海人民出版社，2000年版，第40页。

③【美】阿瑟·艾夫兰著：《西方艺术教育史》，四川人民出版社，2000年版，第12页。

④ 朱光潜著：《西方美学史》，人民文学出版社，1979年版，第38页。

永恒的，只有通过理性能力的培养才能领悟到。在《理想国》中，他以三种床来解释这一信念。床的理式是永恒的，是上帝的造物，所以是最真实的；木匠打造的床是我们能看到的有形的床；最后是画面上的床。这三种床中只有床的理式，即床之所以为床的道理或规律，是永恒不变的，所以只有它才是真实的。木匠制造的床，虽根据床的理式，却只模仿得床的理式的某些方面，受到时间、空间、材料、用途等种种限制。这种床既没有永恒性和普遍性，所以不是真实的，只是一种“摹本”或“幻相”。至于画家所画的床虽根据木匠的床，他所模仿的却只是从某一角度看的床的外形，不是床的实体，所以更不真实，只能算是“摹本的摹本”，“影子的影子”，“和真实隔着三层”。[①]由此可知，在柏拉图的心目中，感性的现实世界和艺术世界的地位远远要低于理念世界，他要把“艺术家”赶出“理想国”。

亚里士多德是柏拉图的学生，他批判地继承了柏拉图的思想与学说，是古希腊哲学与美学思想的集大成者。亚里士多德则认为，艺术并非像柏拉图所认为的那样是一种对模仿的模仿；确切地说，艺术是一个具有真实再现能力的领域。创作艺术是为了认识自然和理解人类的心理活动。艺术家的培养远非是对某一媒介的掌握；艺术家也必须了解自然中的因果关系和人类活动中的动机和结果。否则他们肯定创造不出令人信服的真实形象。[②]亚里士多德对木匠观察后评论说，木匠用手把木头刻成了床，但他的手是听从他艺术家的灵魂或灵感使唤的，把这种灵魂或灵感与传统和想象力结合创作出造型，从而产生出一种清晰的美感。[③]

与柏拉图相比，亚里士多德不仅肯定艺术的真实性，而且肯定艺术比现象世界更加真实，艺术所模仿的决不仅仅是现实世界的外形，而是现实世界所具有的必然性和普遍性，即它的内在本质和规律。即“按照事物应当有的样子去摹仿”，这涉及亚里士多德对事物成因的理解。在他看来，一切事物的成因不外四种：材料因、形式因、创造因和最后因。“用他自己的例子来说，房子这个事物首先必有材料因，即砖瓦土木等。这些材料只是造成房子的潜能，要从潜能转到实现，它们必须具有一座房子的形式，即它的图形或模样，这就是房子的形式因。要材料具有形式，必须经过建筑师的创造活动；建筑师就是房子的创造因。此外，房子在由潜能趋向一个具体的内在的目的，即材料终于形式，房子达到完成，这种目的就是房子的最后因。”[④]艺术家在创造艺术品的这一过程中，心目中首先有一观念或计划，通过手的活动，他施作用于物质，他的动作由他的计划所引导，这样就实现

① 朱光潜著：《西方美学史》，人民文学出版社，1979年版，第44页。

② 【美】阿瑟·艾夫兰著：《西方艺术教育史》，四川人民出版社，2000年版，第21页。

③ Moshe Barasch，Theories of Art ， New York：New York University Press，1985：9－14.

④ 朱光潜著：《西方美学史》，人民文学出版社，1979年版，第67－68页。

了一个目的。[①]这里的“艺术”包括一切人工制作在内。

古罗马创造了辉煌的设计成就。这一时期有关的设计审美与批评理论在继承希腊思想的基础上，也散见于当时的哲学、艺术著作当中。

西塞罗是古罗马著名演说家、政治家和哲学家，生前留下相当多的演说论文等，其中就包括诸多对艺术的思考。他继承了苏格拉底关于美取决于功用的观点，认为有用的事物就是美的事物，并把这种观点运用到对动物、植物和艺术的欣赏中。

维特鲁威是古罗马著名建筑家、工程师，他在《建筑十书》一书中论述了设计活动中功用和审美的关系；同时，他还提出建筑设计的基本原则是“坚固、适用、美观的原则”。建筑作为不同于绘画、雕塑的另外一种艺术样式，在古罗马不仅指房屋建造，而且包括钟表制造、机器制造和船舶制造等；它要屈从于实际的需要，因此它必得就其本身来发挥艺术的因素，于是，柱子以及它所支撑着的各个部分则被看成是艺术的因素。它们被维特鲁威分为三种类型：多立克柱式、爱奥尼柱式和科林斯柱式。选定柱式所依据的是，它在比例上与人体的比例近似。于是，建筑的历史也就包含在这三种柱式的历史之中。[②]

（二）中世纪的设计批评概况

整个中世纪，西方社会处于基督教统治下，教会统治着人们的精神与生活，这对欧洲的设计发展产生了巨大的影响。追求彼岸的极乐世界，追求超越存在的欲望，导致中世纪的人们在艺术与设计中寻找上帝的至高无上的美，而个人在上帝面前变得非常渺小。由此也妨碍了人们对尘世事物产生足够的兴趣，但当人们讨论上帝、世界和灵魂时，也自觉或不自觉地涉及美、艺术、技艺的问题。这一时期代表人物有普洛丁、奥古斯丁和托马斯·阿奎那等。

普洛丁是古希腊和中世纪交界处的思想家。他认为美在太一或神。太一或神是最高的真善美的三位一体，它如同太阳一样放射光芒，现实世界的美就是神的光辉的反映。[③]人造物之所以美就是因为分享了代表上帝的理念，艺术家的才能就是把丑陋的材料变成合于理性的形式。他说：“形式并不存在于物质（石头）材料之中，而是在未被赋予石头材料之前，就已存在于设计者的头脑中。而艺术家之所以能把握住形式，并不是因为他有眼睛和手，而是因为他的高深的艺术修养。他原已构思出的这种美，要比体现于雕像的美高得多。”[④]在普洛丁看来，一切合于理性的形式象征着世间永恒的理念的东西，都有权被称作是美的。

①【美】梯利著：《西方哲学史》，商务印书馆，1995年版，第81页。

②【意】里奥奈罗·文丘里著：《西方艺术批评史》，江苏教育出版社，2005年版，第26－27页。

③ 彭富春著：《哲学美学导论》，人民出版社，2005年版，第5页。

④【意】里奥奈罗·文丘里著：《西方艺术批评史》，江苏教育出版社，2005年版，第34页。

奥古斯丁是中世纪最著名的神学家，他认为一般的美就是整一与和谐。但现实中的整一与和谐并非事物自身的属性，而是铭刻了上帝的烙印。这在于上帝自身就是整一与和谐，并且将自身的这种特性赋予到所创造的事物身上去。[①]他认为除了统一、层次、变化和特征之外，对比也是美的属性之一。例如，黑颜色尽管不美，但如果把它涂在一幅画的恰当位置上，这幅画还是美的，关键是和谐。不仅如此，美本身也有一定的相对性，与人比较起来，类人猿是丑的，然而类人猿的动作也有它自身的韵律，它也具有这类动物的统一性，以及它自身各部分的和谐性等等。一切自然的事物都蕴藏着美，因此，整个大自然，甚至包括类人猿在内都由于上天的意蕴而变得神圣了。[②]在具体论述建筑时，奥古斯丁认为模仿自然的要求对建筑是最不重要的，表现上帝自身的和谐才是最重要的。奥古斯丁喜欢各个部分的精确一致，窗户的对称，以及合理的结构尺寸等。这导致了罗马式和哥特式建筑艺术的繁荣。

托马斯·阿奎那也是中世纪最伟大的一位神学家，他的美学思想散见于他的著作《神学大全》之中，他继承了普洛丁和奥古斯丁的思想。他认为美具有三个因素：首先是完整和完美；其次是适当的比例与和谐；最后是色彩鲜明。但托马斯·阿奎那认为上帝是美的最后根源，这是因为上帝就是生命的光辉。[③]具体到艺术领域，他指出了美与善的一致与区别，“凡是只为满足欲念的东西叫做善，凡是单凭认识到就立刻使人愉快的东西就叫作美”，这一认识提高了视觉和听觉的审美感官地位。另外，托马斯·阿奎那特别强调了“鲜明”的概念，认为“一件东西（艺术品或自然事物）的形式放射出光辉来，使它的完美和秩序的全部丰富性都呈现于心灵”，此“光辉”即鲜明，上帝是“活的光辉”。

（三）文艺复兴以来的设计批评概况

文艺复兴运动发源于意大利，席卷整个欧洲。西方从此摆脱了中世纪封建制度和教会神权统治的束缚，逐渐得到了生产力的解放和精神的解放。[④]随后西方社会在文学、艺术以及社会生活的各个方面都发生着巨大的变化。“意大利文艺复兴是西方文化史上的一个重要转折点，因为它为各类艺术的现代概念的形成打下了基础”。[⑤]从此，西方传统“艺术”概念出现了美的艺术（the fine arts）与手工艺（the crafts）的分别，艺术家的社会地位提高了。

---

① 彭富春著：《哲学美学导论》，人民出版社，2005年版，第5页。

②【意】里奥奈罗·文丘里著：《西方艺术批评史》，江苏教育出版社，2005年版，第35页。

③ 彭富春著：《哲学美学导论》，人民出版社，2005年版，第5－6页。

④ 朱光潜著：《西方美学史》，人民文学出版社，1979年版，第143页。

⑤【美】阿瑟·艾夫兰著：《西方艺术教育史》，四川人民出版社，2000年版，第34页。

文艺复兴时期出现了一群大师，像达·芬奇、拉斐尔、米开朗琪罗、提香等。他们多才多艺，热情奔放，造就了科学技术、人文学术、造型艺术、文学以及建筑的空前发展。[①]这个时期不少艺术家同时也是科学家，达·芬奇和米开朗琪罗等都是突出的例子。特别是达·芬奇，不仅是大画家，而且是大数学家、力学家和工程师，他设计过纺织机，兴修过水利工程和军事工程，研究过解剖学和透视学，并且设计过飞机和降落伞。他在笔记里详细记录了他在多方面的经验和体会，充分体现了当时新兴资产阶级追求个性全面发展的理想和勇于进取的精神。他们认识到艺术既然是模仿自然，就要对自然事物进行精细的观察，还要孜孜不倦地研究艺术表达方面的科学技巧。与造型艺术密切相关的一些科学，例如解剖学、透视学、配色学等等，在近代都不是由专业的自然科学家而是由一些造型艺术家开始研究起来的。同时，他们强调从劳动实践中体会技巧的重要性，并认为美的高低乃至艺术的高低都要在克服技巧困难上见出胜负。这种从费力大小来衡量艺术高低的看法，说明了文艺复兴时期的艺术家们还多少继承了中世纪手工业者的传统，把艺术当作一种生产劳动，还能领略到劳动创造的乐趣与文艺欣赏的密切联系。[②]

二、现代真正意义上的设计批评概况

（一）现代设计批评的酝酿期

现代设计从工业革命开始，这场革命不仅标志着西方从封建社会进入了资本主义社会，而且引发了社会生产、生活方式及思想观念的巨大变革；它也是现代设计诞生的时代背景，使现代设计的基础逐步建立，使传统的手工艺设计向现代机器化设计过渡。工业革命后，新材料、新技术不断出现。批量化工业生产成为现实，商业得到很大发展，设计成了工业生产过程中的一个组成部分，并成了社会日常生活中的一项重要内容。[③]但另一方面，自文艺复兴开始，艺术就走向了脱离手工艺和远离生活的道路。艺术与技术出现了严重的脱节，伴随着设计过程中诸多问题的出现，对这些问题的反思与批评也越来越多。正是这些批判的声音促使了整个社会来关注现代设计，思考现代设计，这标志着现代设计意义上的设计批评的产生。从英国的拉斯金、莫里斯始，到德国包豪斯的建立，这期间包括英国的艺术与手工艺运动、席卷欧洲的新艺术运动和装饰艺术运动等，它们在处理现代设计中技术与艺术的关系问题时，始终表现出一种犹豫和矛盾的特征，一方面是对传统手工艺的不舍，另一方面是对现代机器生产的排斥和不满。正是这种游离和犹豫的状态，构成

① 陈志华著：《外国古建筑二十讲》，北京三联书店，2002年版，第120－121页。

② 朱光潜著：《西方美学史》，人民文学出版社，1979年版，第146－160页。

③ 何人可主编：《工业设计史》，北京理工大学出版社，2000年版，第23页。

了早期现代设计批评的明显特征。

约翰·拉斯金（John Ruskin，1819—1900），英国著名作家、艺术理论家。他非常重视工业艺术问题，认为工业艺术、日用品艺术是整个艺术大厦的基础部分。他认为1851年英国水晶宫博览会所暴露的问题是由于社会过于强调造型艺术，而忽视了建筑和工艺美术，建筑和工艺美术应该为社会大多数人服务。他对艺术家脱离生活、一味沉迷于传统、只是为少数人创作而感到非常不满。从整体上看，拉斯金对工业革命和机械生产持否定态度，认为机械生产破坏了艺术，影响和损害了产品的艺术质量，而解决之道就是回归到手工艺的制作方式，他非常欣赏中世纪的手工艺，他看重的是手工艺的道德和精神价值，而非生产技术或美学意义。他将装饰艺术视为教化启迪和社会变革的媒介，这显然有悖于历史发展的大趋势。拉斯金的思想深深地影响了威廉·莫里斯。

威廉·莫里斯（William Morris，1834—1896）继承和发扬了拉斯金的设计思想，譬如，设计是为大众服务，而不是为少数人服务的。他强调手工艺，明确反对机械化生产，认为手工制品比机械产品美观。在产品的装饰上，他反对矫揉造作的维多利亚风格和古典、传统的风格，提倡采用哥特式风格；他特别推崇自然主义，要求艺术家师承自然，采用卷草、花卉、鸟类为装饰题材（图2－10）。然而，采用手工艺生产出的产品少而贵，只能为少数有钱人所享用，这使他陷入矛盾和痛苦之中。但由于莫里斯试图以中世纪手艺人的正直和善良来对抗势不可挡的工业革命的洪流，排斥代表新生产力的大机器生产，所以他领导的这场运动并没有从根本上解决技术与艺术、机械与手工、实用与审美之间的矛盾（图2－11）。

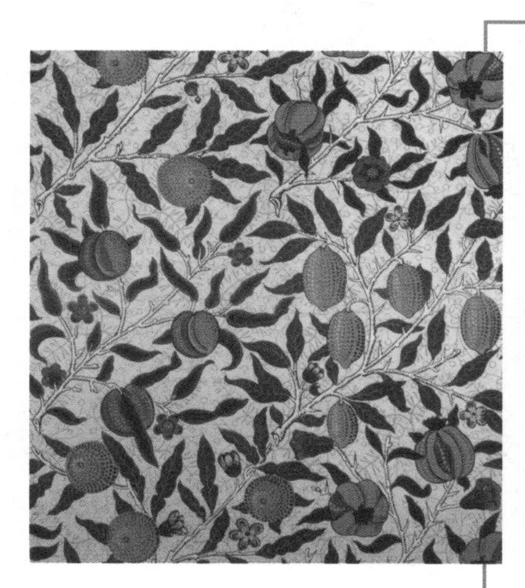

图2–10　威廉·莫里斯1864年设计的“水果”墙纸

图2–11　莫里斯位于泰晤士河边的家：凯尔姆斯科特庄园

新艺术运动（Art Nouveau）是19世纪末到20世纪初，在英国的艺术与手工艺运动的影响下产生和发展起来的波及欧洲十几个国家及美国的一场轰轰烈烈的设计运动。它几乎涉及所有的设计领域，从平面设计、产品设计、建筑设计、家具设计到服装设计等。新艺术运动继承和发扬了艺术与手工艺运动所强调的自然风格，但却更加自由、流畅和夸张；它迷恋曲线符号，带有梦幻般的色彩；它主张艺术与技术相结合，提倡艺术家从事产品设计；它用流动的形态和蜿蜒交织的线条来象征和隐喻自然生命，进而形成了自己的装饰特征。新艺术运动接受了英国的现代设计思想，却不同于艺术和手工艺运动，它已经完全不再反对工业化（图2－12，图2－13）。

图2–12　古斯塔夫·克里姆特1901年绘制的『朱迪丝二世』

图2–13　路易斯·康福特·蒂法尼1910年左右设计的蒂法尼灯

亨利·凡·德·威尔德（Henry van de Velde，1863—1957）是比利时新艺术运动的重要人物，是19世纪末20世纪初杰出的设计师与设计理论家。1899年，亨利·凡·德·威尔德移居德国，并转向建筑设计，他为魏玛工艺与实用美术学校设计校舍，并成为该校首任校长。他还是“德意志工业联盟”的创始人之一，为发展德国现代设计发挥了重要作用。他曾提出自己的设计主张：“根据理性法则和合理结构所创造出来的符合功能的作品，乃是实现美的第一要素，同时才能获取美的本质。”“技术是产生新文化的重要因素，没有技术作基础，新艺术就无从产生。”[①]可见他不反对现代技术，肯定机械，主张艺术与技术结合，反对艺术至上。

装饰艺术运动（Deco）是 20 世纪二三十年代在法、美、英等国展开的一次设计运动。其名称源自 1925 年在巴黎举办的“国际装饰艺术与现代工业展览会”，但是装饰艺术并不局限于某一领域，也不是一种单一的风格。

法国的装饰艺术运动主要在家具、玻璃、陶瓷、室内设计、海报、首饰等领域展开，而这种风格传到美国后，则主要应用于建筑设计、室内设计、产品设计、汽车设计、平面设计等领域。装饰艺术运动与欧洲的现代主义运动有着内在的联系，它们产生于同一时代，都主张采用新材料，都不反对机械美；但两者也有区别，装饰艺术运动强调为权贵服务，现代主义运动强调为大众服务。装饰艺术运动与新艺术运动也有所不同，新艺术强调中世纪的、哥特式的、自然风格的装饰，迷恋手工艺的美；装饰艺术反对古典主义的、自然的、单纯手工艺的倾向，不排斥机械化的美。装饰艺术运动最早出现在法国，这与法国当时的经济地位和文化艺术的繁荣是分不开的（图 2－14）。

装饰艺术运动是艺术与手工艺运动和新艺术运动的延伸，是设计师在接受了新技术和新材料之后的装饰活动，它在风格上受到了当时西方流行的现代艺术流派（如野兽派、立体派和未来派等）的影响。装饰艺术的作品喜欢用直线和对称的抽象构成形式，虽然也使用抽象，但不是纯几何形；喜欢富有光泽的材料和鲜亮的色彩，大量采用钢筋混凝土、合成树脂和强化玻璃等新材料。这种既具有现代设计特征，又有装饰趣味的艺术运动，反映出艺术家和设计师在工业化的进程中对装饰艺术的留恋，它创造了 20 世纪新生活的景观，是一场极具时代特色和国际影响的设计运动。

图 2-14　雅克·埃米尔·吕尔曼 1925 年设计的室内装饰艺术

现代真正意义上的设计批评活动从拉斯金、莫里斯开始的，它伴随着现代

① 董占军主编：《外国设计艺术文献选编》，山东教育出版社，2002 年版，第 37－38 页。

主义设计的发展而逐渐走向它的成熟期。

（二）现代设计批评的成熟期

英国学者尼古拉斯·佩夫斯纳在《现代设计的先驱者》一书中，表明了现代运动的三个根源：艺术与手工艺运动、新艺术运动以及19世纪一批工程师们的作品。伴随着实践和理论上各方面条件的成熟，从拉斯金、莫里斯开始的现代设计批评活动在经过了初期的酝酿后，首先在德国，然后在欧美国家相继进入了它的发展成熟期。

现代主义设计运动的兴起，与当时一大批设计大师在实践和理论上的探索分不开。美国的芝加哥学派较早就开始进行功能主义的探索，它的代表人物路易斯·沙利文（Louis H. Sullivan，1856—1924）曾说："自然界的一切事物都有一个外貌，即一个形式，一个外表，它告诉人们它是什么东西。……飞掠而过的鹰，盛开的苹果花，马匹，天鹅，橡树，小溪，白云，形式永远跟从功能，这是法则……功能不变，形式就不变。"[①]他提出"形式服从功能"的口号，强调功能在建筑设计中的作用，明确了功能和形式的主从关系，对功能主义设计的形成有很大影响。

奥地利建筑设计师阿道夫·卢斯（Adolf Loos，1870—1933），于1908年发表论文《装饰与罪恶》，是他的建筑理论的代表作。文章的中心思想是反对没有功能意义的装饰，文章提出的"（建筑）装饰就是犯罪"的著名论断成为现代主义设计极富有冲击力的批评口号，与米斯的"少即多"的设计理念有着相似的理论内涵。

法国建筑设计师勒·柯布西耶（Le Corbusier，1887—1965），1923年出版了《走向新建筑》一书，阐述其设计思想，他认为"房屋是居住的机器"，从而形成了他的"机器美学"。该书是一部极富革命性的设计宣言，它力图超越技术与艺术之间、数量与质量之间的冲突，大力宣扬"机器美学"，认为住宅与机械的形式有着根本的共同之处，都是寻求功能的结果，都是适应需要的、有用的、客观的、经济的规律。柯布西耶的机器美学思想，是现代主义设计审美与批评的重要组成部分（图2－15）。

图2-15 柯布西耶1929—1931年设计的萨沃伊别墅

① 转引自吴焕加著：《外国现代建筑二十讲》，生活·读书·新知三联书店，2007年版，第89页。

芝加哥学派中享有盛名的美国建筑师弗兰克·赖特（Frank L. Wright，1869—1959），在继承和发展芝加哥学派的基础上，形成了著名的“有机建筑论”，它主要包含六个原则：①简练应该是艺术性的检验标准；②建筑设计应该风格多种多样；③建筑应该与它的环境协调，他说：“一个建筑应该看起来是从那里成长出来的，并且与周围的环境和谐一致”；④建筑的色彩应该和它所在的环境一致，也就是说从环境中采取建筑色彩因素；⑤建筑材料本质的表达；⑥建筑中精神的统一和完整性。[①]他的理论为现代建筑设计的发展起到了巨大的推动作用（图 2－16）。

图 2–16　赖特 1936—1939 年设计的“约翰逊·维克斯”大厦

米斯·凡·德·罗（Mies Van Der Rohe，1886—1969），是现代主义建筑大师，也是现代主义设计教育的重要奠基人之一。他通过自己一生的实践，奠定了明确的现代主义建筑风格，提出了“少即多”的主张。他说：“在今天的建筑中试用以往时代的形式无疑是没有出路的”，“必须满足我们时代的现实主义和功能主义的需要”，“建造方法的工业化是当前建筑师和营造师的关键问题。一旦这方面取得成功，我们的社会、经济、技术、甚至艺术问题都会迎刃而解”，“我们不考虑形式问题，只管建筑。形式绝不是我们工作的目的，它只是结果”。[②]米斯“少即多”的功能主义美学思想，对后来现代主义设计的发展产生重大影响，也是西方现代设计批评的重要原则（图 2－17）。

图 2–17　米斯·凡·德·罗 1958 年设计的位于纽约的西格拉姆大厦

---

① 王受之著：《世界现代设计史》，中国青年出版社，2002 年版，第 120 页。

② 董占军主编：《外国设计艺术文献选编》，山东教育出版社，2002 年版，第 112 页。

图 2-18　沃尔特・格罗佩斯 1923 年在包豪斯的校长办公室

瓦尔特・格罗佩斯（Walter Gropius，1883—1969），是“包豪斯”（Bauhuas）学校的第一任校长。包豪斯的成立，是设计史上的一件大事，具有标志性的意义。包豪斯有着明确的宗旨，从《包豪斯宣言》中我们可以看出作为设计教育家的办学思想以及他的设计思想。格罗佩斯始终认为“建筑是艺术之母”，他说；“我们要创造清晰的、有机的建筑。它内部的逻辑性将是明朗的、坦率的。不受虚假的立面及各种花招的干扰。我们需要适应我们的机器、无线电和高速汽车世界的建筑。这种建筑的功能，会在它的形式关系中，认识得很清楚。”①格罗佩斯首先是一名建筑师，因此他的很多设计思想都源于建筑。在设计理论上，包豪斯提出了三个基本观点：①艺术与技术的新统一；②设计的目的是人而不是产品；③设计必须遵循自然与客观的法则。这些观点可以说是现代设计批评思想成熟的表现，促进了现代设计的蓬勃发展（图 2－18）。

（三）现代设计批评的反叛期

当国际主义风格在 20 世纪五六十年代风靡全球的时候，整个西方社会逐渐产生了一种对现代主义、国际主义设计的不满情绪。其原因至少有两方面：一方面随着战后西方社会的经济重建和经济恢复，丰裕社会的形成，出现了一个新的、富裕的、年轻的大大不同于战前的消费阶层，这个消费阶层对文化多元化的要求越来越高。为了适应这种消费结构的变化，设计界必须要有新的设计思路。另一方面，现代主义、国际主义设计的单一、单调、反装饰的设计特征越来越不能满足年轻一代的喜好，也越来越不能适应西方社会新的发展变化。从 60 年代开始，西方社会出现了多种反对主流文化、主流思想的社会思潮。其中，设计界对现代主义、国际主义设计的批评声音不断出现，从而使现代设计活动发生了一个很大的转变，出现了一个对抗现代主义设计的反叛期，导致了现代主义之后各种设计风格的兴起。在这些批评声音中，对现代设计的转向影响较大的批评家主要包括美国设

① 【美】阿纳森著：《西方现代艺术史》，天津人民美术出版社，1994 年版，第 248 页。

计理论家维克多·帕帕奈克、美国建筑设计师罗伯特·文丘里和美国后现代设计理论家查尔斯·詹克斯等。

维克多·帕帕奈克（Victor Papanek，1927—1998）在设计批评上的贡献，主要是探讨“设计目的”这个重要的理论问题。这对于现代设计伦理学、现代设计目的论的提出，是非常重要的一个起点。帕帕奈克在60年代末出版了他的重要著作《为真实的世界设计》，提出了对于设计目的性的新看法，其中包括三个方面的问题：①设计应该为广大人民服务，而不是为少数富裕国家服务。其中，他特别强调设计应该为第三世界的人民服务。②设计不但应该为健康人服务，同时还必须考虑为残疾人服务。③设计应该考虑地球的有限资源使用问题，设计应该为保护我们居住的地球的有限资源服务。帕帕奈克的这几个观点一直是现代设计出现以来被忽略的问题，因此，他深化了对现代设计的认识，尤其是他的有限资源论在后现代设计中得到普遍认同。正如王受之所说，帕帕奈克的最重要贡献，是他提出了设计伦理观念，设计的目的不仅仅是为眼前的功能、形式服务的，设计更主要的意义在于设计本身具有形成社会体系的因素。现代主义提出设计为大众，而从当代设计伦理观念来看，设计还必须考虑为发展中国家以及贫穷地区的人民以及为生态平衡、自然资源着想。[①]这些极大地深化了设计批评的内涵。

罗伯特·文丘里（Robert Venturi，1925—），美国当代建筑师，同时，还是著名的设计理论家和批评家。1966年，他出版了自己的建筑理论著作《建筑的复杂性与矛盾性》。正是这本书导致了人们对现代主义的反思，他也因此被誉为后现代主义之父。与米斯倡导的“少就是多”（Less is More）针锋相对，他提出了“少就是乏味”（Less is Bore）。他认为，历史上伟大建筑的特点，不在古典主义的简练，而通常是含糊不清和烦琐复杂的，因而他在设计中主张建筑要有“杂乱的活力，而不是明显的统一”，提倡内涵的丰富。在这样的理论氛围中，美国的一些建筑师如穆尔等人，因而偏爱传统的建筑风格，如古典主义，在建筑设计中借鉴、挪用历史建筑的装饰、部件，如山花、柱式等等，穆尔亲自设计的美国新奥尔良意大利广场就是后现代主义建筑的典范作品。美国建筑评论家查尔斯·詹克斯（Charles Jencks，1939—）在1977年出版了《后现代建筑语言》一书，提出“后现代”的概念，并为后现代主义奠定了理论基础。后现代主义旨在超越和反拨现代主义的设计方法，以文脉主义、引喻主义和装饰主义为特征（图2－19）。

后现代主义对建筑和其他设计的影响，是褒是贬，难以一概而论。但是，后现代主义设计中重新重视装饰的作用，重新拾起了被现代主义所抛弃的美学法则。在设计中重新采用手工艺的装饰技巧和建筑的手工部件。如美国通用汽车公司故意让手上长满老茧的技师

① 王受之著：《世界现代设计史》，中国青年出版社，2002年版，第224页。

图 2-19　菲利普·约翰逊与他设计的曼哈顿 AT&T 大楼的模型

出现在他们的汽车广告上；奥迪公司也宣扬自动化装置和手工艺师在奥迪 80 型生产上合作的妙处。这种倾向，确实耐人寻味。

西方后现代主义设计，在建筑设计、产品设计、平面设计等方面，最大的贡献就在于拓展了设计语汇，向多元化发展。意大利的“孟菲斯”集团，就打破了现代主义“优良设计”的框框。索特萨斯就认为设计没有确定性，只有可能性，没有永恒，只有瞬间。这种开放性的、无拘无束的设计思想，使意大利的新潮设计格外丰富多彩，成为后现代主义设计经典。后现代主义更难能可贵的是它对现代主义的超越和反拨。它超越了现代设计中物象化的、抽象化的、畸形化的设计本质，使设计从物质化向非物质化转变，从畸形向健康的方面发展。为了实现这一目的，不能只求助于科学技术。它反对现代设计沉迷于高技术语言，使现代设计越来越背离了设计的本质，背离了物质的内涵，走向“异化”。现代建筑设计中形成的国际风格，就是一例。那冰冷、生硬的钢材、玻璃、水泥混凝土所构筑的世界，俨然是一座座巨大的、毫无生气的墓碑，都市在哭泣，在死亡。现代设计中人性的不断丧失在后现代设计中有所好转。后现代主义设计不仅仅追求物质上的东西，而且主要在追求文化上的、精神上的东西，亦即人与物的亲和力——把人与人、人与社会、人与自然紧密地联系起来，更加注重人文内容的表达和追求。

现代主义之后的设计从 20 世纪六七十年代始，直到今天仍在发展着，它没有一个统一的风格，基本上是对现代主义、国际主义设计的反思、调整、补充、改良和发展，是一种多元化的探索，其设计批评的思想头绪纷繁复杂，套用一句古话来说，就是“剪不断理还乱”。

第三章　设计批评的主体与媒介

谁在批评？这是在探讨设计批评的主体——设计批评者的问题。一方面，设计批评者的成分复杂，可以从不同的层面加以区分；另一方面，批评者批评的声音要产生影响和效力，必须借助传播手段，依赖一定的传播媒介，因此，媒介在设计批评中有着不可忽视的作用。

第一节　设计批评的主体

批评作为一种评价行为，它总是人的行为，人的声音。设计批评的主体当然是人，但是否可以说人人都是设计批评者或设计批评家呢？从广义上讲，设计批评者就是设计的欣赏者和使用者。批评者的批评活动不仅可以诉诸文字、声音，也可以体现为购买和消费行为。在这种意义上，设计批评的主体既包括广大的消费者，也包括了专门的设计批评家；在设计批评的活动中，两者缺一不可，既不能等同，也不可偏废。

一、消费者——消费式设计批评

由于设计是一种商业行为，它的目的性决定了设计作品必须要被市场接受，要有社会大众来消费。而消费者在消费设计产品的同时，必然会产生这样或那样的感受、体验和评价。他们基于自身的消费体验，通常采用口头表达和消费行为相结合的方式。其口头表达尽管显示出非逻辑的兴趣特征，有时也可能包括带有理性色彩的合理评价，却道出了关于设计作品的方方面面的特征，归结为优或劣，肯定或否定。比如今天的消费者网购后对商品的评价分享，构成了互联网时代最重要的批评景观。由此看来，设计批评的主体就是广大的设计消费者。一方面，购买和消费行为本身就构成了一种批评指向，如消费者在日常生活中对某些品牌产品的反复购买和使用，如宜家、无印良品等，其行为实质上就是对这类品牌的产品设计的褒扬和肯定；另一方面，消费者的口头表达为理性的批评思考提供了依据。因此，在这个层面上可以说人人都是设计批评者（图 3-1）。

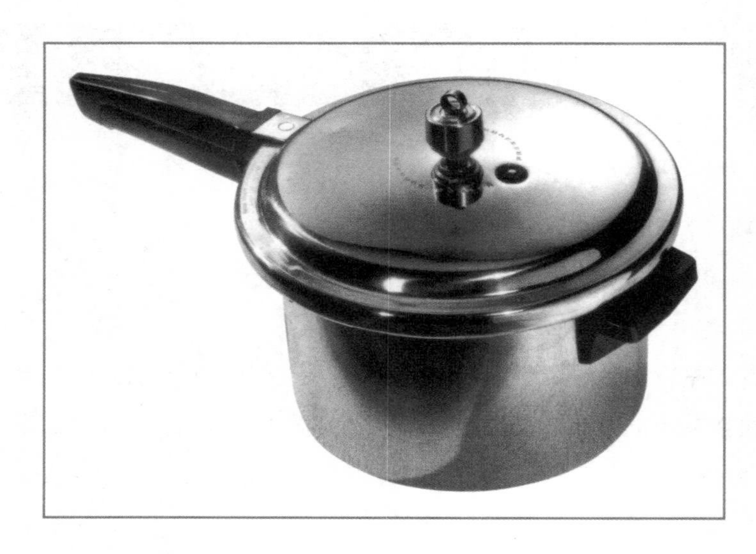

图 3-1　魅力 65 压力锅，1948 年设计

消费者作为设计批评者，其批评行为往往局限于对设计产品的使用体验和亲身感受，这显示出这种批评的社会广泛性、浓厚的生活气息和某种实用性。但消费者不大可能去关心更多的设计伦理、设计适用与审美等理论问题，这有待于专业设计批评家的努力。“诚然，消费者直觉、朴实的兴趣也可以构成判断，外行不带偏见的眼光和结论有可能令专业的设计批评家感到新奇乃至受到启发，不过这种间接性的兴趣判断和不懂设计特殊性的认定毕竟称不上自觉的设计批评，局限于这里是远远不够的。”[①]

消费者作为设计批评者，其批评行为既是个体的，还表现为群体化批评倾向。前者是因为消费者对设计产品的批评，和他们对设计产品的使用体验息息相关；后者则源于消费者的消费倾向受其所属群体特征的制约。由于设计目的受特定消费者的制约，消费者又由其性格特征、收入水平、受教育程度、年龄等的不同表现为若干不同的文化群体，每一文化群体表现为不同的消费倾向，所以，消费者往往表现为群体批评者。作为现代设计必要

① 章利国著：《现代设计社会学》，湖南科学技术出版社，2005 年版，第 280 页。

手段的市场研究正是通过对消费者的分类，对群体批评者的具体分析，为设计定位提供必需的背景资料。而现代科技的发达，比如电脑和网络技术的发展，为群体批评者的分类精细化提供了越来越多的可能性，使设计能够与更小的群体进行界面对话，而群体单位的缩小意味着其批评可以在内容上更加丰富和个性化。[①]

二、批评家——专门式设计批评

广义上可以说人人都是设计批评者，但这并不等于说人人都是设计批评家。

设计批评作为一门学科——设计批评学的主要研究对象，是非常严肃的一种学术活动，它是“指对以设计产品为中心的一切设计现象、设计问题和设计师所做的理智的分析、思考、评价和总结，并通过口头、书面方式表达出来，着重解读设计产品的实用、审美价值，指出其高下优劣。”[②]它不等于接触产品的感受体验，更不是商业广告，它更突出理性的阐释和评价。在具体的设计批评活动中，它要求批评者联系一定的设计语境对产品实用、审美等诸因素做出有效的分析解释，对产品技术、文化质量做出价值判断，甚至进一步去挖掘产品独特而未被开发出的功能、创意等；同时，还要考虑设计产品对整个环境的影响。显然，这样的批评任务由消费者的体验式批评是完成不了的，它必须由比较专业的设计批评家来完成。因此在这种层面上的设计批评活动，其主体当然就是专业的设计批评家。

但谁是设计批评家呢？从设计批评学的学科发展来看，专业的设计批评家有着广泛的职业背景，包括设计理论家、教育家、设计师、工程师、报刊的设计评论员和编辑、企业家、政府官员等，他们以不同的社会身份，不同的立足点去评价设计，表现出设计批评的多层次性。[③]这在西方现代设计的发展历程中表现得尤为明显。可以说，西方现代设计的发展历程中，正是由于一大批设计师、设计理论家、教育家、政府官员等在社会实践的基础上，勤于思考和批判现代设计中的诸多问题，才有力地推动了 20 世纪现代设计的蓬勃发展。

首先，设计师介入设计批评领域是设计界的一个常见现象。设计师由于他熟悉设计的过程和技术要求，他可以从产品的功能、材料、结构和形式等多方面去思考，因此，设计师的批评较之一般公众式批评更有针对性。西方设计史上许多声誉卓著的设计师同时也是了不起的设计批评家。他们编辑设计杂志、发表演说、在一所或多所大学任教、著书立说

---

① 尹定邦著：《设计学概论》，湖南科学技术出版社，2003 年版，第 216 页。

② 章利国著：《现代设计社会学》，湖南科学技术出版社，2005 年版，第 205 页。

③ 参见尹定邦著：《设计学概论》，湖南科学技术出版社，2003 年版，第 216 页。

等等。像英国的莫里斯，他不仅是著名的设计家，更以其对工业革命初期设计现状的批判而闻名于世，他对艺术与技术关系的思考是引发现代设计发展的导火线，故被西方学者誉为“现代设计之父”。德国“包豪斯”的创建人格罗佩斯，他除了在建筑和设计上的贡献外，又是现代主义运动最有力的代言人之一；他身兼教育家、作家、批评家之素养，将“包豪斯”精神从德国带到英国又传播到美国。法国先锋派代表、著名建筑家、设计家勒·柯布西耶任《新精神》杂志编辑期间（1920—1925 年），撰文积极倡导机器美学，他的一句有名的口号便是“房屋是居住的机器”；而且他于 1923 年出版了《走向新建筑》一书，这是有关现代建筑的最重要的纲领性文献（图 3–2）。再如美国当代著名建筑师文丘里，他不仅在建筑设计中敢于突破常规，于 1966 年出版了《建筑的的复杂性和矛盾性》，此书被看作是后现代主义建筑思潮的宣言，陈志华认为，该书“对于批评一部分现代建筑师的教条化和模式化倾向，冲破思想定势，活跃和开阔创作思维，是很有意义的”。[①]在设计领域，这样的例子还有很多，像沙利文、赖特、卢斯、米斯、拉姆斯、富勒、波希加斯、布朗基、索特萨斯等一大批建筑家、设计家都是设计批评界名噪一时的人物。

图 3–2　勒·柯布西耶 1925 年设计的新精神的休息厅

其次，同设计师介入设计批评领域一样，在设计领域，设计史论家介入设计批评更是一个常见现象。设计史论家因其对设计理论、设计历史的熟悉，所以他们介入设计批评有着明显的话语优势。他们往往在对设计历史的客观描述中，有意或无意地就倾入了自己的

① 奚传绩编：《设计艺术经典论著选读》，东南大学出版社，2005 年版，第 219 页。

情感、喜好，从而潜移默化地影响着读者。典型代表如英国籍建筑历史学家和评论家尼古拉斯·佩夫斯纳，其名著《现代设计的先驱者》一书在普及设计史知识的同时，也毫不隐讳地批评工业革命初期的设计现实，而倾向于对现代设计的肯定。再如设计理论家王受之，他在长期的设计史论的研究生涯中，一直关注着对中国设计教育、设计问题的独立思考和批判，其著述和文章在国内影响深远。

除了设计师和设计史论家介入设计批评领域外，在非设计领域，同样有许多理论成果可以为设计批评所用。它们虽然出自非设计学科专家之手，却有着“旁观者清”的独特视角。像把接受美学理论、受众分析理论、定位理论等引入批评领域，有利于设计师与设计受众之间的交流和沟通；再如罗兰·巴特的符号说、德里达的“解构”和鲍德里亚的“仿真”与“拟像”理论，对丰富后现代主义设计批评话语有莫大功劳。

此外，政府官员介入设计批评领域，也是常见现象。政府部门、政府官员由于其掌握公共资源的优势，其介入设计批评领域可以起到一种引导设计产业发展的作用。日本在20世纪中叶就提出了“工业设计立国”的口号，这造就了索尼、佳能等一大批企业的辉煌。韩国在1988年借汉城奥运会提出了“设计立国”的口号，前总统金大中还联合英国共同发表了主题是“21世纪是设计时代”的宣言。韩国设计因而迅速在国际崛起，设计成为三星、LG等韩国企业进军世界的重要推动力。

具有专业水平的设计批评，不管是出自职业的设计批评家，或其他设计专门家，还是出自非设计学科的专家之手，都具有抓住设计特殊性的较高理论水准。其批评方式可以归纳为三个方面：一是对设计过程的评价。对设计过程中的一个重要环节——设计方案进行比较、评定，从而确定方案的价值，判断其优劣，以便筛选出最佳设计方案，比如对国家大剧院设计方案的选定，历时数载，在众多方案中最终选定法国设计师安德鲁的设计方案。可见，设计批评能有效地保证设计的质量，减少设计中的盲目性，提高设计的效率和成功率。二是对设计结果（物化产品或环境设计等）的评价。通过设计批评能发现设计上的不足之处，为新一轮的改良设计提供科学的决策，为设计改进提供依据。三是对设计趋势的评价。由此，设计批评能预测设计的发展方向，为新产品开发提供指南。

严格说来，作为一名执行设计批评社会功能的设计批评家而言，他既不同于一般的设计师，也不同于设计史论家这样的角色，对于这一点我们的认识还不够深入。我们往往只看到设计史论家或设计师客串设计批评家这样常见的现象，而没有充分意识到“设计批评家乃是一定的专业社会规范制约下的特殊职业系统，其专业社会规范包括：设计批评界定标准，设计批评活动的社会性质和使命，设计批评家道德，设计史论和批评知识、方法、技巧及其他相关学科知识方法等的学习、训练、掌握等。设计批评家又有其专业参考系统，国内系统和国际系统。”[①]所以，真正合格的设计批评家还比较缺乏，这也是当前中国专业设计批评缺席与薄弱的原因之一。

三、消费式和专门式设计批评的结合

就一个健康的设计生态环境而言，消费者的消费式批评和批评家的专门化批评两者缺一不可，而且只有两者的结合才能真正发挥积极而广泛的社会作用。正如匈牙利学者阿诺德·豪泽尔所言：“理想的批评家绝不是作品的理想评判人——事实上他也不一定要成为这种评判人。但只要有可能，他应该成为理想的读者，成为不仅自己认识，还能使别人认识作品的人。”[②]理想的艺术批评家如此，对理想的设计批评家同样有这种要求。专业设计批评家首先应当成为理想的设计产品的消费者，努力去了解产品的特殊性，把握其多方面的社会价值；同时，能够以自己的认识唤起消费者的认识，为消费式设计批评把握方向。

消费式与专门式设计批评两者不可或缺，更不可等同。两者的结合实质上是设计批评乃至设计思维普及与提高的结合，是一个健康的设计生态环境的必要组成部分。“这种结合不能靠等待，而应当被看成由社会的设计管理者和各种设计批评力量共同承担的一项社会任务。它的完成直接关系到真正为人类美好的生活和未来而设计这一目标的达到。”[③]

第二节　设计批评的媒介

设计批评者的声音要产生影响和效力，就必须借助媒介使之传播；只有传播开来的设计批评，才会在设计领域、商业领域、生产领域乃至整个社会产生影响。一般说来，设计批评的媒介可以归纳为三个方面：一是大众传媒；二是设计评奖和设计大展；三是世界博览会。大众传媒是文字、语言传播的常见媒介；设计评奖和设计大展是设计领域的常见批评形式；世界博览会是设计领域的特殊媒介。

一、大众传媒

让我们从中国国家大剧院说起。国家大剧院从 1998 年 4 月立项建设，到 2007 年 9 月正式落成，历时数载。它通过国际邀请竞赛的方式，采用了法国巴黎机场公司设计、清

---

① 章利国著：《现代设计社会学》，湖南科学技术出版社，2005 年版，第 266 页。

② [匈] 阿诺德·豪泽尔著：《艺术社会学》，学林出版社，1987 年版，第 159 页。

③ 章利国著：《现代设计社会学》，湖南科学技术出版社，2005 年版，第 280 页。

华大学配合的设计方案，即民间说法的安德鲁的“大蛋壳”方案。在这近十年的时间里，围绕着国家大剧院的这一设计方案，出现了许许多多批评的声音，其中既有赞成的，也有反对的，形成了一场大辩论。在这场大辩论中，参与者有建筑师、设计师、工程师、设计理论家、文化学者、院士和政府相关部门等多个领域的专家学者，他们将自己的批评意见形成文字，发表在报纸、期刊、书籍、网络等媒体上，并通过这些大众媒体传播开来，影响着公众，并形成强有力的力量，使国家大剧院的设计方案多次调整、改进和完善（图3-3）。

图 3-3　国家大剧院

从国家大剧院的建设这件事情上可以看出，设计批评的声音离不开大众媒体的传播。一般说来，设计批评形成文字或声音，在大众媒体上传播主要出现在期刊、书籍、报纸、网络甚至电视或广播等媒介物上。

期刊，是一种以印刷符号传递信息的连续出版物，一般出版时间较长，出版速度较慢。期刊一般分为周刊、半月刊、月刊、双月刊、季刊等。由于期刊是一种针对性强、读者群较稳定的媒体，不同的期刊有不同的读者群，因此，往往专业的设计批评文章都发表在专业的刊物上。比如国内的《美术观察》《装饰》《美术研究》《世界美术》《国际广告》《艺术与设计》《包装与设计》等刊物，一直是设计理论与设计实践研究的前沿阵地，同时也经常有相关的设计批评方面的文章出现，特别是《美术观察》近年来一直关注设计批评方面的研究，专设了“设计批评”栏目。

书籍，是设计批评传播的另一条主要途径。虽然目前市面上专门的设计批评类书籍较少，但在相关的书籍中也不乏见到许多有见地的思想。远在古代，相关的书籍就已出现，如先秦的《考工记》及后来的《天工开物》《长物志》《园冶》《闲情偶寄》等，至今仍影响深远。现代的哲学、美学、社会学、建筑学、艺术学等领域的一些著作，如宗白华的

《美学散步》、李泽厚的《美的历程》、彭富春的《论无原则的批判》、郑时龄的《建筑批评学》、杭间的《设计的善意》、比利时学者乔治·布莱的《批评意识》、法国学者让·波德里亚的《消费社会》、匈牙利学者阿诺德·豪泽尔的《艺术社会学》、日本学者原研哉的《设计中的设计》等，对设计批评的建构很有启发。而连续出版的各种设计年鉴更是设计批评传播的极佳途径。

报纸，作为一种大众媒体，其传播周期短，速度快，影响广。报纸作为设计批评的媒介，可以从专业报纸和非专业类报纸两方面来看。目前国内还没有专门的设计类报纸，但有《美术报》；非专业类报纸，发表的批评类文章，通常以文化普及的形式诉诸报端，其影响更为深广，如《南方周末》经常会刊登一些关于产品设计、服装设计、建筑设计等方面的批评文章，比如针对国家大剧院的《国家大剧院焦虑》。《经济观察报》也发表一些有关设计的评论文字，如 2008 年 6 月 30 日刊登了黎诗话的一篇文章《设计变成艺术?》，作者认为设计是功能的，是理性思维，是技术开发，是人工力学与比例，是市场主导的消费，是生产商成本效益的精密计算；艺术是主观的，与社会需求并没有必然联系。它无须符合功能，也不能被定义、定性。他对世界各地的设计艺术化现象进行分析与批评，如澳大利亚设计师 Marc Newson 早年设计的椅子，在 2006 年苏富比拍卖会上成交价高达 96.8 万美元。在 2008 年 4 月份的米兰家具展以及纽约 ICFF 家具展中，展示了一个历时 3 年，由 Tord boontje 设计、超过 50 位资深工匠参与制作的作品。这个造型奇特的东西，徒有家具之名却绝不严守“form follows function”的设计基本规则。这个名叫 the fig leaf 树叶衣柜，共 616 块椰子前后两面均以珐琅装饰，每一块都有珐琅工匠的签名，内藏的青铜铸树枝，仅可以挂上有限的几件衣服，就因为手工费时，加上每年限量 3 个，这种近乎零功能的“家具”就被贴上高到离谱的价签。面对这股愈演愈烈的设计艺术化风潮，不少设计专业人士表现出极大反感。设计师马丁诺·冈普说：“关于设计还有更深刻、更有意义的领域等待着设计师去挖掘，但绝对不是将设计变成艺术。这样做只会混淆大众对设计本质的理解，将他们的注意力从如何让生活变得美好转向一把乱七八糟的椅子。”前伦敦设计博物馆馆长、设计评论家艾丽丝·劳丝萨恩（Alice Rawsthorn）也说：“设计艺术化是赤裸裸的商业行为，是拍卖行和家具公司为了抬高限量品的价格搞出来的虚假的文化现象。”

网络，作为一种完全区别于传统媒体的新型传媒，它不仅具有报纸、广播、电视等媒体能够及时、广泛传递信息的一般功能，而且具有数字化、多媒体、及时性和交互性传递信息的独特优势。网络媒体从诞生之日起，在人类社会的传播史上便具有革命性的意义，网络媒体“无网不入”的魔力正创造着新的传播模式和新的生活方式。网络，作为设计批评的媒体，目前它主要以“网络论坛”“网络博客”“网络微博”“微信公共号”等形式出现。以网络博客形式出现的设计批评媒体，在国内影响比较大的如“王受之的 BLOG”。在该博客中，王受之先生就“房地产、城市”“汽车”“时尚、家居、设计”“影评、文化”等领域发表文章，一方面普及设计知识，另一方面针对设计界的一些问题发表评论。以网络论坛形式出现的相关“设计论坛”“艺术设计论坛”“设计批评论坛”等更是如雨后春笋，遍地开花。

二、设计评奖与设计大展

对于设计界和设计教育界的直接而又影响深远的设计批评媒介，莫过于设计评奖和设计大展了。通过设计评奖和设计大展，一方面可以将最新的设计资讯、设计趋势传达给设计师和设计学子，从而引导设计发展走向；另一方面也可以让优秀的设计人才脱颖而出，从而起到培育人才的作用。

目前在国内或国际上比较有影响力的评奖和大展，在设计的各个领域都有很多，而且影响也很广。如平面设计领域的靳埭强设计奖、全国大学生平面设计奖、中国台湾金犊奖、波兰华沙国际海报双年展、Adobe 设计奖、平面设计在深圳展等；广告领域的克里奥广告奖、戛纳广告奖、伦敦国际广告奖、纽约广告奖、莫比广告奖等；工业设计领域的如美国的 IDEA（Industrial Design Excellence Awards，工业设计优秀奖）、德国的 Red dot 奖（红点奖）和德国的 iF 奖（iF Design Award，工业论坛产品设计奖）等。

三、世界博览会

世界博览会（World Exhibition or Exposition，简称 World Expo）是一项由主办国政府组织或政府委托有关部门举办的有较大影响和悠久历史的国际性博览活动。它已经历了百余年的历史，最初以美术品和传统工艺品的展示为主，后来逐渐变为荟萃科学技术与产业技术的展览会，成为培育产业人才和一般市民的启蒙教育不可多得的场所。可以说，世界博览会是一种特殊的设计批评媒介。

一般来说，世界博览会的目的是检阅世界最新的设计成就，广泛引发社会各界的关注和批评，其来历可追溯到 1851 年在英国伦敦海德公园举行的“水晶宫”国际工业博览会。从水晶宫开始，博览会这一形式就被固定下来，由不同国家的政府出面举办，展览主要是在几个工业国家举行，而展出的设计产品却是世界性的，每次博览会后引发的设计批评更是非常激烈，可以说，世界博览会作为设计批评的特殊媒介的作用是毋庸置疑的。

这里我们重点回顾一下“水晶宫”博览会的情况。[①]

---

① 参见尹定邦著：《设计学概论》，湖南科学技术出版社，2003 年版，第 226－228 页。

1851 年，伦敦举办了首届世界博览会，当时又称万国工业博览会（图 3–4）。英国工程师约瑟夫·帕克斯顿运用钢铁与玻璃建造温室的设计原理，大胆地把温室结构应用在这次博览会的展厅设计中，展览大厅全部采用钢材与玻璃结构，被称为“水晶宫”。其外形为简单的阶梯形长方体，并有一个垂直拱顶，没有多余装饰，完全表现了工业生产的机械本能。它开创了采用标准构件、钢铁和玻璃设计和建造的先河。在 1852 年出版的《为 1851 年万国工业博览会而在海德公园内建造的建筑》报告书中，作者查尔斯·唐斯写道：“这个伟大的建筑由钢铁，玻璃和木头制成。最重的铸铁是梁架，长 24 英尺，没有一样大件材料超过一吨；锻钢是圆型，平型的钢条，角钢，螺母，螺丝，铆钉和大量的铁皮。木头用于一些梁架或桁架，主水槽和帕克斯顿槽，顶部梁骨，车窗锁和横梁，底层走廊地板，指示牌和外墙；玻璃是平板或圆筒状，10×49 英尺的长方型，每平方英尺重 16 盎司。3300 个空心钢柱，同时作为平屋顶的排水管；为了解决玻璃上蒸汽凝结问题，帕克斯顿设计了专用水槽，长达 34 英里长的专利水槽并特别设计和制造了机器生产。窗条，栏杆等也用发明的机器来上漆。在伯明翰的强斯兄弟生产了 30 万块玻璃，尺寸是当时最大的，他们设计制造了安装玻璃的移动机器车，使工人乘装玻璃车在敞开结构上进行快速安装……”。可以说整幢建筑是现代化大规模工业生产技术的结晶，在现代设计的发展中占有重要的地位。

图 3–4　“水晶宫”博览会内景

然而在当时，人们对它的评价却是毁誉不一，有人甚至讥讽地称它为“大鸟笼”，拉斯金批评它“冷得像黄瓜”，普金也称之为“玻璃怪物”。尽管如此，水晶宫对世界近现代建筑史、工业设计史及设计批评的发展都具有重大意义。水晶宫本身就是一个机器制品，机器成了风格的塑造者，表现了工业生产的机器本性；水晶宫的建筑没有任何多余的装饰，预示着设计简洁性和功能性将大行其道，从多方面突破传统建筑观念，建筑尺度和材料使传统形式美法则失效，开辟了建筑形式的新纪元；技术作为新建筑和新产品材料的直接来源，非建筑师也可以成为建筑风格的革新者。

水晶宫博览会共有 18000 个参加商，提供了 10 万多件展品。然而展品的内容却与其建筑形成了鲜明的对比。各国送展的设计产品大多是机制产品，其中不少是为参展特制的。展品中有各种各样的历史样式，反映出一种普遍的漠视设计原则、滥用装饰的热情。厂商试图通过这次隆重的博览会，向公众展示其通过运用“艺术”来提高身价的妙方，这显然与组织者的意愿相去甚远。

总体来说，这次水晶宫博览会，受到了全世界媒体的关注，通过各种报刊等媒介的评论，我们可以了解到这次博览会的展品在美学上是失败的，充斥着浮夸和不适当的装饰。作为设计批评的特殊媒介，博览会的影响持续了若干年，据说年仅 17 岁的莫里斯当年随母亲前去参观，一进水晶宫展厅，他就大喊一声：“好可怕的怪物！”于是他再也不肯去看那些外观造型粗劣的产品。这件事使他立志投身于设计事业，开创了属于自己的设计风格。而各国的批评家的反映也相当强烈，他们把观察批评的结果带回本国，其批评直接影响了本国的设计思想。由此可见世界博览会这一特殊的设计批评媒介对设计批评的重要性。

每一届世界博览会都有一个关注的焦点或争议的主题，其主题本身就是一种对设计发展走向的思考与探索。世界博览会作为一种超国界的设计批评媒介，既推动了设计批评和设计发展，同时也有效地促进了各国工业化的竞争。

第三节　媒介在设计批评中的作用

不管是大众传媒上的设计评论，还是设计大展乃至世界博览会，媒介始终是设计批评与设计服务对象沟通的渠道，设计批评因受众的媒介接触而产生效果，媒介可以说在设计批评中起着重要的作用。

媒介简单地说即是讯息载体，凡是能把讯息从一个地方传送到另一个地方的就可称为媒介。传播学理论认为，媒介影响力的大小来自两个方面：一个是量的方面，即媒介的接触人口，指的是覆盖面的广度；另一个方面为质的方面，即媒介在说服力方面的效果，指的是针对个别单一受众进行说服的深度。媒介的覆盖率越高，其影响力越大；媒介的说服力越强，其引导力越强。因此，媒介在设计批评中的作用可以具体化为两个方面：一是影响力，二是引导力。

一、影响力

在设计批评活动中，媒介的影响力主要是通过媒介的覆盖率产生。不论是大众媒介、设计大展还是世界博览会，都有着广泛的受众。设计批评思想通过这些媒介而传播到受众中，从而产生广泛的影响力。相对而言，专业的设计批评在传播过程中，由于传播媒介的专业性，比如设计类的期刊，其传播的范围比较窄，在行业内影响比较大；而当这种专业的批评思想经由一般的大众媒介进行传播时，其在公众中的影响力会逐渐扩散，影响的人群也越来越多。

特别是世界博览会，作为一种全球性质的展览会，受到了世界各国的关注。从首届世界博览会——英国的“水晶宫”博览会开始，历届的世界博览会都吸引了无数的眼球。1851 年水晶宫博览会向人类预示了工业化生产时代的到来，它的成功使以后的世界博览会与奥林匹克运动会一样成为全球规模的盛会，世界博览会因此被誉为“经济、科技与文化界的奥林匹克盛会”；1889 年的巴黎博览会，为了纪念法国革命 100 周年建造了埃菲尔铁塔；1876 年的费城博览会和 1893 年的芝加哥博览会，让世界认识到美国科技的发展与工业生产的能力；1896 年的柏林博览会及 1898 年的德累斯顿博览会，德国工业设计脱颖而出；1900 年的巴黎博览会，法国新艺术设计为设计史留下了“1900 年风格”；1925 年巴黎国际现代艺术暨工业博览会引发了“装饰艺术运动”，唯有勒・柯布西耶的“新精神”馆与众不同，独树一帜；1929 年巴塞罗那世界博览会，米斯设计的德国馆实现了“技术与文化融合的理想”；……2000 年德国汉诺威世界博览会以“人・自然・技术：展示一个全新的世界”为主题，强调以人类的巨大潜能、遵循可持续发展的规律来创造未来，从而带来人类思想的飞跃，实现人、自然和技术的和谐统一；2005 年日本爱知世博会以“自然的睿智”为主题，展示了人类如何实现与地球这个生养人类的自然环境的和谐共生的方方面面；2010 年举办的上海世博会，以“城市，让生活更美好”为主题，它以全球 200 多个国家和组织参加的巨大规模，更是受到了全球的关注（图 3-5）。2015 年意大利米兰世博会的主题是“滋养地球：为生命加油”，这是世博会史上首次以食物为主题，关注可持续发展，倡导为食品安全、食品保障和健康生活而携手。

二、引导力

在设计批评活动中，媒介的引导力主要是凭借媒介的说服力产生。加拿大学者马歇尔・麦克卢汉（Marshall McLuhan， 1911—1980）于 1967 年提出“媒介即讯息”的观点，认为媒介才是真正有意义的讯息，媒介本身有说服力。比如一个国家的主流媒体，它们本身就代表着一种国家权威和可信度，它们的言论自然对公众有一种引导力。在设计批评活动中，媒介通过批评的内容和媒介本身来引导受众。

图 3–5　上海世博会中国馆

比如公益广告，作为设计批评的一种方式，对大众的行为有着很强的引导力。通常公益广告以社会性的主题，比如提倡戒烟、戒毒，反对种族歧视、反腐倡廉，反对战争、热爱和平等等，从日常生活、社会万象或传统文化中汲取素材，创作出创意独特的、内涵深刻的且富有艺术感染力的广告作品，它以鲜明的立场、健康的旨趣引导着社会公众的观念和行为。同时，公益广告通过有说服力的大众媒介的传播更加强了其引导力（图 3–6，图 3–7）。

图 3–6　反战海报　福田繁雄作品

图 3–7　保护水资源公益广告

第四章　设计批评的对象与领域

批评什么？我们是在思考和探讨设计批评的对象。表面上看，设计批评者批评的对象首先是现实生活中业已存在的设计作品，但设计作品并不是一个孤立的对象，它是设计需求和设计创作等诸多要素的聚集。因此可以说设计批评的对象是以设计作品为中心的一切设计现象和问题。这些现象和问题呈现在不同的设计领域，批评者对它的批评从哲学高度来看，实质上是以设计作品为中心来探讨物与人、物与自然、物与社会的某种关系。

第一节　设计批评的对象

设计批评，毫无疑问，就是批评设计。但设计是什么？在不同的语境中，设计有不同的所指：它是设计师脑子中的计划、构思，是设计师将某种计划、构思付诸实践的过程，或者是设计师将计划、构思以实物的形式表现出来的作品。由于在设计批评活动中，设计作品是一个直接给予的环节，而设计师和设计创作过程是不在场的，只有设计作品才是在场的；同时，设计作品并不是作为一个孤立的要素存在着，而是设计需求和设计创作等要素的聚集。所以，设计批评的对象总是以设计作品为中心的一切设计现象和设计问题。

设计批评以设计作品为中心，把握住了设计作品也就抓住了设计批评对象的关键部分，因此这里我们对设计批评对象的研究主要集中在设计作品上。那么什么是设计作品呢？设计师朱锷曾感慨我们无意识地生活在设计的海洋中。他说，日常生活中，最令我们视而不见、习焉不察而恰恰又离不开的大概就是各种各样的设计物了。我们穿戴着经过设计的衣、帽；生活在经过设计的房屋里，使用着设计过的各种日用品、电器等；在经过设计的建筑物里使用他人设计的工具劳动着；就连我们漫步的街道也是经过设计的。[①]设计作品无处不在，但是若要我们给它下个定义，还真不是一件容易的事情。关键是，对于设计作品，我们如何把它作为设计批评的对象来看待呢?

设计作品首先是一种物，但它不是一般的物，而是特别的物。其特别性在于，它不是自然之物，而是人工之物。“但一个人工之物和自然之物究竟有什么不同？一个自然物是事物通过自身给予的，它的存在与人无关。但一个人工物却是通过人所创造的，它的存在与人相关。虽然如此，但人工物不是人从虚无中构建起来的，而是基于对于自然物的改造。于是，所谓的人工物是自然物在人的活动中的变形。”[②]

同时，作为人工物或人造物的设计物品又不同于艺术品。艺术品当然属于一般的人造之物，但又是一个特别的人造之物。艺术品一旦成为艺术品，就成了一个独立自主的世界；它不仅是手段，而且也是目的；它不仅自身是自由的，而且给予它之外的事物以自由。与之相反，设计作品一旦进入流通和消费环节，它始终是工具性的，是为具体的人服务的；它只是手段，而不是目的；它是被支配的，同时它也可能变成其对立面，是支配性的。此外，艺术品在使用中会显示自身，但设计作品在使用中会消失自身。当然，设计作品与艺术品之间也并不是截然分开的，随着生活艺术化和艺术生活化的进程进一步加快，设计作品和艺术品之间的界限会越来越模糊。

设计作品既不同于自然物，也不同于艺术品，但它充满了我们生活的空间，渗入生活世界的方方面面。设计物是如此的常见，在日常生活中我们往往视而不见，只是在它功能损坏或是有所欠缺的时候才关注它。对于这一点，德国哲学家海德格尔在《艺术作品的本源》一文中对磨损的农鞋的阐述，倒确切地道出作为人造物的设计作品的特点。海德格尔说，“农妇在劳动时对鞋思量越少，或者观看得越少，或者甚至感觉得越少，它们就越是真实地成其所是。农妇穿着鞋站着或者行走。鞋子就这样现实地发挥用途。必定是在这样一种器具使用过程中，我们真正遇到了器具因素。与此相反，只要我们仅仅一般地想象一双鞋，或者甚至在图像中观看这双只是摆在那里的空空的无人使用的鞋，那我们将决不会经验到器具的器具存在实际上是什么。”[③]一双鞋，它只是在被使用的过程中才成其所是，发挥着它的有用性；相反，它倘若仅仅是被当作一件艺术品，供你欣赏或想象，

---

① ［日］原研哉著：《设计中的设计》，朱锷译，山东人民出版社，2006 年版，译序。

② 彭富春著：《哲学美学导论》，人民出版社，2005 年版，第 299 页。

③ ［德］海德格尔著：《林中路》，上海译文出版社，2004 年版，第 18 页。

那你决不会体验到它的器具性存在。由此，一件设计作品，只有首先将它置身于实际的使用过程中，我们对它的批评和思考才可能确切、中肯，不至于把它当做艺术作品来进行批评。

那么，对一件设计作品的批评，应该从哪些方面去思考呢？一般说来，当设计作品被生产出来成为设计产品，或者进入流通领域成为商品时，我们在消费或是欣赏它的过程中可能更加关心的是这件产品的功能是否好用，结构是否合理，形式是否美观，材料是否环保，使用是否舒适等等。由此，功能、材料、结构、形式成为评价一件设计作品的四个主要方面。

一、功能

从日常生活中人们使用的一些设计产品来看，身上穿的衣服，它不仅有保暖遮羞的用途，还有美化环境，甚至传达出个人独特风格的作用；吃饭用的筷子，它不仅使吃饭的过程方便卫生，而且还彰显文明；居住的房屋，不仅仅是“居住的机器”，更应该是家园；乘坐的汽车，它能省时省力，代表着一种新的生活方式……可以说，任何一件设计产品对人来说都有其不可或缺的价值。

设计产品的这种对人的价值就是它的重要功能。“产品的功能是指产品通过与环境的相互作用而对人发挥的效用。”[①]自然物也有功能，比如植物，它的功能是通过叶子的光合作用、呼吸作用和根部的吸收作用，与自然环境进行物质的、信息的和能量的交换；而设计产品则是直接为了满足人的某种需要，它的功能专指对人发挥的效用，它反映人的需求（图 4-1）。离开了人的需求，设计产品便失去了存在的价值。

任何一件产品，在设计时首先要对它的功能做出明确的定义。这样做，才能明确揭示出一件产品功能的内涵和要求。例如黄金时段的电视广告，它可以是宣传企业形象，也可以是传达企业产品信息；日常使用的手机，它可以是纯粹的沟通工具，也可以集沟通、娱乐和身份象征于一体；家庭用的吊灯，它可以是供客厅使用的，也可以是供卧室或书房使用，场合不同，对吊灯的功能要求肯定有差别。把详细的功能定义作为问题提出求解，便可以获得一系列的技术方法、结构方案（图 4-2）。“产品功能的具体化，可以表现在不同的性能指标和技术规格上。只有当这些性能指标和技术规格与人的需求相关时，它们才具有功能的意义。”[②]

① 徐恒醇著：《设计美学》，清华大学出版社，2006 年版，第 17 页。

② 徐恒醇著：《设计美学》，清华大学出版社，2006 年版，第 17 页。

图 4-1　卡尔和埃尔森内尔 1891 年设计的瑞士军刀

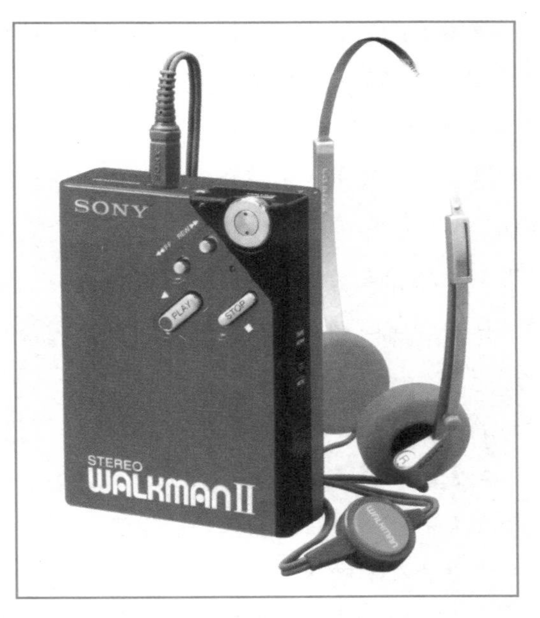

图 4-2　索尼随身听，1978 年

二、材料

一款电子产品，有塑料外壳的，有金属外壳的；塑料外壳的给人以轻便、柔软的感觉，金属外壳的则显得厚实、有力度。不同的材料赋予产品不同的面孔，也让消费者在使用中有不同的感受和体验（图 4-3，图 4-4）。

图 4-3　汤姆・狄克逊 1987 年设计的 S 形椅子

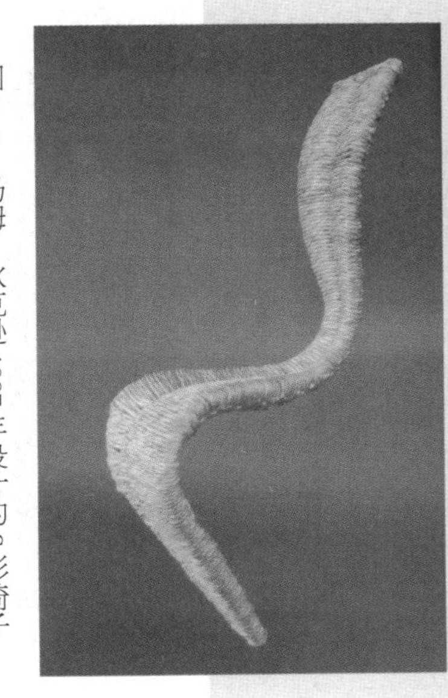

图 4-4　龙・阿拉德 1986—1993 年设计的舒心椅

材料是设计产品的物质基础。制作任何产品都需要利用一定材料，做木器家具离不开木材，盖房子离不开砖瓦、钢筋、水泥和玻璃；离开了材料，做设计就只能是“纸上谈兵”。正如材料学专家莫里斯·科恩所说：“我们周围到处都是材料，它们不仅存在于我们的现实生活中，而且也扎根于我们的文化和思想领域。事实上，材料与人类的出现和进化有着密切的联系，因而它们的名字已作为人类文明的标志，如石器时代、青铜时代和铁器时代。天然材料和人造材料已成为我们生活中不可分割的组成部分，以至于我们常常认为它们的存在是理所当然的。材料已经与食物、居住空间、能源和信息并列一起组成人类的基本资源。”①

材料的种类很多，依据不同的分类标准，我们可以把它分成若干类型，而且随着当代科技的不断发展，许多新材料还在陆续地被发明出来。从产生来源看，材料可以被分为：天然材料和人造材料。从材料的用途来看，它可以被分为：结构性材料和功能性材料；前者组成了产品的结构实体，后者作为基础性的功能构件发挥作用，它们共同形成了产品的物质载体。从材料的物理状态来看，可分为：固体材料、液体材料和气体材料。从材料的发展历史来看，可分为传统的石、角、漆等材料和新兴的合成纤维等材料。不同的视角提供了材料的不同分类标准，这有利于我们更好地认识材料的特性。

三、结构

楼庆西在《中国古建筑二十讲》一书中曾提到一段往事。1996 年 2 月，联合国教科文组织派专家到中国实地考察云南丽江申报的“世界文化遗产”。恰在此时，丽江地区却发生了大地震。在这样的情况下，专家们在丽江看到不少新建的大楼倒塌，道路受损，但令人惊奇的是丽江的老城区破坏却没有想象的那样严重。有些老住宅、老店铺的墙壁被震倒了，或受到不同程度的损坏，但这些老建筑的构架依然挺立，保持着原来的形态。老城的道路还是那样曲曲弯弯，小溪河还是那样流水潺潺，古老的丽江并没有消失。②一场地震震倒了钢筋混凝土的新大楼，而老房屋依然“墙倒屋不塌”，中国古建筑何以有这样的功效？原因就在结构里。

结构是产品中各种材料的相互联系和作用方式。产品总是由材料按照一定的结构方式组合起来的，从而发挥着一定的功能效用。中国古建筑之所以有“墙倒屋不塌”的功效，主要是因为中国古建筑采用的是木结构体系。“这个体系的特点是用木料做成房屋的构架，先从地面上立起木柱，在柱子上架设横向的梁枋，再在这些梁

① ［美］L.H.范·弗莱克著：《材料科学与材料工程基础》，机械工业出版社，1984 年版，第 5 页。

② 参见楼庆西著：《中国古建筑二十讲》，北京三联书店，2001 年版，第 1－2 页。

枋上铺设屋顶，所有房屋顶部的重量都由梁枋传到柱子，经过柱子传到地面，而在柱子之间的墙壁，不论它们用土、用砖、用石或者其他材料筑成，都只起到隔断的作用而不承受房屋的重量。当遇到地震，房屋受到突然的、猛烈的冲击时，由于木结构各个构件之间都由榫卯连接，在结构上称为软性连接，富有韧性，不至于发生断裂，于是产生了‘墙倒屋不塌’的现象。”①

大到一栋建筑，小到一个开瓶器，任何产品都有其结构。同一种结构方式，可以由不同的材料来完成，如椅子可以用木材制作，也可以用塑料或金属材料制作，虽然材料不同，但结构类似，都同样可以发挥椅子的功能（图 4–5，图 4–6）。同一种材料可以组成不同的结构方式，如木材可以做成桌子，也可以做成椅子，材料虽然相同，但由于结构方式不同，它们便具有不同的功效。“这就是说，一方面产品结构是与材料密切相关的，任何结构的构筑都要依靠一定的材料，材料是结构的物质承担者；然而另一方面产品的功能则是由结构决定的，结构是产品的物质功能的载体，它是实现产品物质功能的手段集合。”②

图 4–5　吉安卡罗 · 皮瑞提 1969 年设计的“普莱亚”叠椅

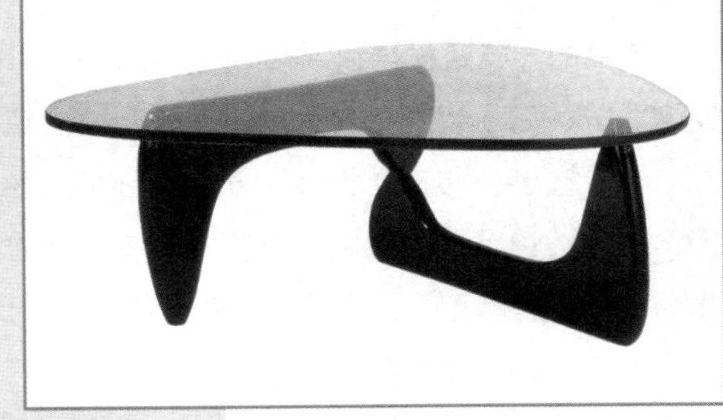

图 4–6　伊萨姆 · 诺古奇 1945 年设计的咖啡桌 IN–50

① 参见楼庆西著：《中国古建筑二十讲》，北京三联书店 2001 年版，第 2 页。

② 徐恒醇著：《设计美学》，清华大学出版社，2006 年版，第 14 页。

四、形式

中国的万里长城宛如一条巨龙，绵延几千里盘桓在中国的北方大地上；悉尼的歌剧院，上部朵朵白色壳片，争先恐后地伸向天空，如海上的白帆、如洁净的贝壳、如群帆泊港、如白鹤惊飞……法国的朗香教堂（图 4–7），外观如合拢的双手、如浮水的鸭子、如一艘航空母舰、如一位修女的帽子、如攀肩而立的两个修士……这就是形式的魅力。

图 4–7　勒・柯布西耶 1955 年设计的朗香教堂

产品的形式是材料和结构的外在表现，即由一定形状、色彩、质地等产品外观的物质要素构成，它可以直接为人所感知。形状和色彩是设计创作与批评活动中的两个重要因素，在设计创作与设计批评活动中，我们对形式的批评就是看它们是否符合形式美的法则，具体地说就是考察它们是否符合变化与统一、对比与调和、对称与均衡、比例与尺度、节奏与韵律等。还要看形式表现在传统与现代、国际化与本土化、民族性与时代感等问题上，是否处理得恰到好处。

第二节　设计批评的实质

在日常生活中，我们可以遇到各种各样的设计物品，如吃饭用的筷子和碗碟、通讯用的手机、麦当劳的商标、可口可乐的瓶子、iPod 播放器等。设计物品构成了我们生活环境的一部分，甚至成为塑造人们生活方式的一种力量。对于这样一种“环境”和“力量”，我们往往视而不见，习于“日用而不知”；但其实质表现为某种关系，是物与人、物与自然、物与社会三者关系的聚集。由此，设计批评的对象进一步表现为：由批评“物”到批评“关系”。

一、对设计物品与人的关系的批评

设计批评的实质，首先表现为对设计物品与人的关系的批判。设计是为人服务的，人的需求是设计产生的源泉和动力。从远古人类的打磨石器，到今天的各种电子产品的设计，设计物始终因为人的需求而产生。而且设计物品与人的关系并不是单一的，他们之间呈现出多种关系。

一方面是需求与被需求的关系。人的多种需求是设计物品产生的根源，设计物品总是为人服务的。日常生活中，人有衣、食、住、行等多方面的需求，由此产生了“衣”用的各种服装面料、衣饰、刺绣等，“食”用的碗、筷、杯、勺、盘等，“住”用的家具、室内陈设、建筑设计等，“行”用的自行车、摩托车、游轮、太空飞船等。从远古的用树叶、皮革遮羞避寒，到今天整个的服装设计行业的发展；从远古的陶器、青铜，到瓷器、金银器，再到今天的整体厨房设计概念的出现；从最初的木匠、瓦匠，到今天的建筑设计师、室内设计师、公共艺术设计师和城市规划设计师等，设计师的门类在不断细化；从原始的滚木、马车，到今天海、陆、空立体式交通系统的形成，它们都是人类为了生存和更好地生活而将需求物化的结果。人的需求不仅多种多样，而且呈层次化发展特征，既有低层次的，也有高层次的；既有物质的，又有精神的。美国心理学家亚伯拉罕·马斯洛创造性地提出了著名的“需要层次理论”。他认为人的需要有五个层次，由低级向高级发展，呈阶梯形、宝塔状分布：生理需要、安全需要、社会需要、尊重需要和自我实现需要。而且，人的需要层次越低，对设计物品的要求也越低；相反，人的需要层次越高，对设计物品的要求也越高。可见，传统设计、现代设计与后现代设计的出现，就不仅仅是时间所导致的，它们也是人们在不同时期的需求所致。

一方面是使用与被使用的关系。正如柳冠中所说，“使用”这个词包括两个方面的动作：一方面是使用者——人的动作；另一方面是被使用的物的动作，这两个方面能否达到一致是人与物的关系是否有意义的关键所在。[①]因此，“使用”不仅要求设计物品的“能用”，更着眼于设计作品的“好用”。“好用”的标准就是高效、方便、准确、安全、可靠、舒适等，“好用”意味着人们在生产和生活中，以较少的能量消耗来取得最大的工作效率，因此，“好用”的设计是建立在人机工程学的基础上，使人机关系达到和谐和最优

① 柳冠中著：《事理学论纲》，中南大学出版社，2006年版，第24页。

状态。苹果公司的成绩，证明了产品设计中“更好用”“更方便”的功能定位是正确的，是“人性化”设计理念的具体体现。（图 4–8）

图 4–8　乔纳森·伊弗为苹果电脑设计的 iMac

同时，还是支配与被支配的关系。表面上看，人绝对地支配着设计物品。这表现在设计活动的整个过程中，在设计物品的生产阶段，设计师将某种计划、设想物化或符号化形成设计作品，再经生产制作部门形成设计产品；在设计物品的流通阶段，商家将设计产品经各流通渠道送至各终端卖场形成设计商品；在设计物品的消费阶段，消费者根据自己的需求爱好，选择、购买、使用乃至消耗设计物品。但当现代技术以一种技术化的力量在设计领域泛滥时，设计物品反过来会控制人，从而使活生生的人沦为物品的奴隶，即所谓“人为物役”。在移动互联网时代，“低头族”的出现就是最好的例证。

设计物品与人之间不仅呈现出多种关系，而且这种关系随着人类社会生产力的发展而不断发生变化。法国学者让·波德里亚在《消费社会》一书的开篇写道：“我们生活在物的时代：我是说，我们根据它们的节奏和不断替代的现实而生活着。在以往的所有文明中，能够在一代一代人之后存在下来的是物，是经久不衰的工具和建筑物，而今天，看到物的产生、完善与消亡的却是我们自己。”[①]让·波德里亚的话启发我们对当代乃至未来的物与人的关系进行深思。在手工业时代，人们对“物”的生产和使用，主要是基于实用的目的，对“物”的态度是物尽其用，人与自然和谐相处；但在今天，在工业化和信息化成为时代特征的当下，一切都可以标准化和批量化生产，由此对“物”的生产和使用，遵循的不再仅仅是实用的原则，而更多是对欲望的满足，对吸引眼球的关注和对时尚潮流的盲从，于是，“物”的更新与换代就犹如海浪，一波接着一波。

① ［法］让·波德里亚著：《消费社会》，南京大学出版社，2006 年版，第 1 页。

二、对设计物品与自然的关系的批评

设计批评的实质，其次表现为对设计物品与自然的关系的批判。中国自古就有“天工开物”“巧夺天工”等说法，这显现出设计与自然的某种重要关系；同时，在当代“绿色设计”“节约型设计”等成为时代的口号，这又呈现出设计与自然的另一个维度的关系。

一方面，自然是设计之母。设计物品的形成过程总是把自然资源加以“人化”熔铸的过程，自然是设计的物质之源、“课题”之源和“巧思”之源。[①]首先，自然是设计的物质之源。自然界所生万物皆可成为人类设计的物质基础，人类最早的石器、玉器、陶器等的制作，就是取材于石头和黏土，尤其是玉器的制作，往往顺随材质的特征自然天成；同时，不同的自然生态又会提供不同的物质资源，从而形成各地区间有差异的设计，如西方发展出石头的建筑，中国人选择了木材建屋。其次，自然是设计的“课题”之源。人类在不同地域会遭遇不同的生态环境，在不同的生态环境中，当地居民要适应环境、利用环境、进而要改造环境，就会出现需要解决的问题；如果把问题看成是“课题”，那么解决问题的方案就是设计，从这个意义上，可以把自然生态看成是设计课题的来源，如我国东南沿海地区的临水干栏式建筑和北方黄土高原窑洞式建筑，就是建筑设计因适应不同自然环境形成的截然不同的形式。第三，自然是设计的“巧思”之源。大自然充满奥妙，到处都是鬼斧神工的杰作，设计师若能窥探大自然的奥秘，虚心向自然学习，设计的灵感将源源不竭。日本设计师原研哉说，“与自然的相处方式其实就是‘等待’。等待着，等待着，不知不觉间，我们就感受到了自然的丰饶”。[②]

另一方面，人的需求欲望是无止境的，若不加以合理节制，过度开发设计物品，将会导致自然资源的匮乏和环境污染的加剧。因此，对设计物品的开发要坚持可持续发展观，走节约型设计和绿色设计之路。“一是节约型设计，即节约能源和资源消耗的设计；二是常说的‘绿色设计’，即无污染、无害于大气环境和人体的设计。”[③]这两种设计都与我们的生活有直接的联系。从世界范围来看，西方世界开拓的传统工业化道路，是以“人类统治自然”“人类征服自然”为指导思想的，它的目标是满足富裕的人们过舒适生活的需要，它的方法是为所欲为地向大自然贪婪索取。人类对自然资源的掠夺性开发，使得环境日益恶化。我们要呵护自然，也就是呵护自己的家园。这也是中国政府提出走新型工业化

---

① 诸葛铠著：《设计艺术学十讲》，山东画报出版社，2006 年版，第 232—240 页。

② ［日］原研哉著：《设计中的设计》，朱锷译，山东人民出版社，2006 年版，155 页。

③ 诸葛铠著：《设计艺术学十讲》，山东画报出版社，2006 年版，第 241—242 页。

道路的原因所在。所以绿色设计、可持续设计等以环境逻辑为基础的思潮近些年来逐渐盛行起来（图 4–9）。近来流行的以服务替代产品的概念，其核心也是对自然资源的节约利用。

图 4–9　电动汽车，1994 年设计

三、对设计物品与社会的关系的批评

设计批评的实质，第三表现为对设计物品与社会的关系的批判。历史地看，设计物品与社会之间呈现出复杂而不断变动的关系。

现代设计之前，设计主要是为贵族服务的，设计物品也相应地成为贵族们生活、享乐、炫耀、专制的工具。在现代之前，西方社会主要经历了古希腊时期（包括古罗马）、中世纪和近代三个阶段。古希腊时期，西方思想的主题是人与诸神的关系，诸神规定了人的存在之路，也决定了造物设计活动的价值取向；当时的纪念性建筑，如神庙、议政厅、剧场等，都是为诸神服务的，当然更直接的是为贵族阶层服务的。中世纪，西方思想的主题是上帝、世界和灵魂，上帝是至高无上的，只有上帝是真正自由的；人只有与上帝心灵相通，皈依上帝才可以达到自由。在长达近千年的历史中，欧洲封建国家的基督教会在思想意识领域占有绝对统治地位，支配着中世纪文化艺术和社会生活的各个方面。在这个历史时期，哲学、艺术都是宗教的婢女，设计也毫不例外地受到宗教的影响而倾向于精神性的表现。设计成为超凡脱俗沟通天堂的工具，设计的目的也更为直接地为基督教统治服务，为一切通向天堂或向往天堂的人设计。[①]从中世纪许许多多的设计实例中都可以看出中世纪时期基督教会对于家具设计、手工艺设计，特别是建筑设计的深刻影响。其中，最具典型意义的、代表着中世纪设计水准的当推哥特式建筑。近代，被认为是一个理性的时代，理性是与新兴的资产阶级的崛起相联系的。所以，设计与日益壮大起来的富商阶层的趣味相投；巴洛克时期设计刻意追求反常出奇、标新立异的形式，尽可能地符合皇室的口味；帝制时期设计对古典主义的追求，为君权服务。在古代中国，由于实行的是中央集权制，政府具有广泛的经济职能，

① 尹定邦著：《设计学概论》，湖南科学技术出版社，2003 年版，第 119 页。

图 4-10　松石绿釉梅瓶　清乾隆

可直接经营工商业。因此，实力雄厚的官营手工业在与民间作坊的共存中，占尽人员、技术和资源上的优势，抑制了民间作坊的发展（图 4-10）。“从造物设计的发展来看，官营手工业集中了大批优秀的工匠，不惜工本，制造了大量服务于统治者的精美绝伦、极度豪奢的高档商品，从中央到地方的官营手工业几乎覆盖了所有造物设计的主要门类，诸如建筑、车驾、乐器、桥梁、礼器、御用器具、冠冕、巾帽、针工、绢帛、金银器、织造、陶瓷等。”①

现代设计发展以来，设计的服务对象主要是社会大众，因此设计物品成为不断满足消费者各种需求的“食粮”。现代设计自欧洲工业革命开始，它与传统设计最根本的区别在于现代设计是与大工业化生产和现代文明的密切关系，与现代社会生活的密切关系为基础的，这是传统设计所不具有的。②现代设计包括了现代主义设计和现代主义之后的各种设计。从最初现代主义设计的强调功能、反对装饰，到现代主义之后的各种设计思潮中反对现代主义设计的千篇一律、重新重视历史传统中的各种装饰，西方现代设计的历程一波三折。但无论是现代主义设计，还是现代主义之后的各种设计，现代设计思想中始终关注着一点，那就是设计为大众服务、为社会服务。现代主义设计的民主思想，现代主义设计的标准化、机器化、可复制性等特征，都是以设计物能满足社会大众的基本需求为转移的；而后现代主义设计则基于 20 世纪六七十年代西方富裕社会的来临，设计更强调对社会大众更高层次需求的满足，由此引发了设计的多元化、小众化、个性化等发展趋势。

与此同时，伴随着现代消费社会的来临，设计物品在服务和满足消费者需求的同时，也可能成为或参与某种力量来控制消费者。这种力量或以商业主义的面貌出现，或高举技术主义的旗帜，或以形式主义为追求目标等。因为市场是唯利是图的，当设计一

① 李立新著：《中国设计艺术史论》，天津人民出版社，2004 年版，第 155–156 页。

② 王受之著：《世界现代设计史》，中国青年出版社，2002 年版，第 14 页。

旦成为商业主义牟利的工具和手段时，设计为人民服务、为社会服务就会成为空洞的口号，由此产生的设计物品往往成为商业促销的噱头，或是形式主义的点缀。如流行于20世纪三四十年代的美国流线型设计风格，曾因为在商业上的成功，结果被运用到上至太空舱、飞机，下到汽车、冰箱、收音机、烘面包机等许许多多的领域，使流线型设计无处不在（图4–11）。

图4–11　亨利·德莱弗斯1938年设计的哈德逊J–3a火车头

第三节　设计批评的领域

不管是对“物”的批评，还是对“关系”的显现，设计批评的对象总是以设计作品为中心的一切设计现象和设计问题，这些现象和问题多种多样、纷繁复杂，既有对设计物的评论，也有对设计师的批评；既有对设计教育的思考，也有对设计产业的引导……所有这些构成了设计批评的多个领域。一般来说，设计批评的领域主要集中在以下几个方面。

一、设计物领域

我们知道，设计批评的对象是以设计作品为中心的一切设计现象与问题，因此，对设计物的批评构成了设计批评的一个最主要的批评领域。如西方现代设计的诞生与发展，正是由于一批有识之士如约翰·拉斯金、威廉·莫里斯对当时粗制滥造的产品的批评，才引发了一大批理论家和社会大众对设计的认知，引起了设计界和产业界对设计的思考包括对设计产品的评价指标乃至对整个设计行业如何发展的思考。

对设计物的批评，因为“物”的不同分类，又可以分属不同的层次和领域。从层次上看，设计物可以是设计过程中的方案、草图，也可以是设计的最终结果——产品。对设计方案、草图进行比较、评定，可以确定方案的价值，判断其优劣，从而筛选出最佳设计方案；对设计产品的批评，可以发现设计上的不足之处，为新一轮的改良设计提供科学的决策，为设计改进提供依据。从领域上看，一般将设计物分属于视觉传达领域、产品设计领域和环境设计领域。视觉传达领域的设计重在“传达”，产品设计领域的设计重在“使用”，环境设计领域的设计则重在“居住”。“传达”、“使用”、“居住”，这道出评价不同领域的设计物的基本要求。

对“物”的批评，最终是为创造出更好用、更合理、更优秀的设计作品而提供思想资源。无论是哪个领域的设计物，其评价指标为“优秀”的标准是什么？从人类社会发展的长时段来看，优秀设计的标准并不是一成不变的，其内涵随着时代的发展而发展。对此，张福昌在《感悟设计》一书中写道：“从人类社会发展来考察产品设计的历史，可以看到人类早期的产品在于‘用’（实用功能），后来经济发展了，技术提高了，产品便进入了‘用＋美’的时期；随着人类文明的进步，产品进一步增加了文化的内涵，即发展到‘（用＋美）＋文化’时期；在知识经济时代，在信息、精神、文化消费的今天可以说正处在向‘（用＋美＋文化）＋个性’和‘人—物—自然’系统的方向发展，为设计展现了无限美好的未来。”[①]可见，对设计物的批评，要随着人类的物质生产条件的改善与科学技术水平的提高而做出相应的调整，当然也要随着人类审美意识、审美趣味等的变化而变化（图 4-12）。

图 4-12　英戈·莫勒 1992 年的灯具（鸟，鸟，鸟）

① 张福昌著：《感悟设计》，中国青年出版社，2004 年版，自序。

二、设计师领域

设计物的创造，离不开其创造者——设计师，所以，对设计师的批评构成了设计批评的又一个领域。表面上看，在整个设计活动中，设计师的创作活动是不在场的；但在设计的最终产品——设计物上，凝聚着设计师的知识、能力和素养，可以说，有什么样的设计师，就会有什么样的设计物出现。

就设计师的知识与能力而言，作为一名设计师，关键是要知道怎样去想和如何去做，以及如何将“想”与“做”更好地协调统一。因此，成就一名设计师，至少关涉到三个方面的内容：首先是设计思维能力。设计思维能力是设计师针对具体问题或客户要求，寻找创造性解决问题方案的能力。当设计师开始接受一项任务或案子时，他首先面对的是“怎样想”的问题，即怎样寻找最佳解决问题方案或途径的问题，然后才是“怎么做”。正如马克思所说：“最蹩脚的建筑师从一开始就比最灵活的蜜蜂高明的地方，是他在用蜂蜡建筑蜂房以前，已经在自己的头脑中把它建成了。”设计思维能力的形成，是设计师长期思考和实践的结果，它至少关联着观察能力、联想能力和创造能力的培养。其次是设计表达能力。设计表达能力是设计师针对具体问题进行思维构思后，将构思的方案或想法付诸视觉化或物化的能力。它解决和培养的是设计师“如何做”的动手能力。不具备设计表达能力，再好的创意和想法也只是“纸上谈兵”，没有实际意义。设计表达能力的培养，是一个长期学习和实践的结果，它可以具体化为基础造型技能和专业设计技能。第三是设计整合能力。设计整合能力是设计师对影响创作的各种社会因素，包括对当今世界多元化的动向、各种历史背景的理解、认识、吸收，以及各种市场因素的深刻把握能力。在设计师的整个知识能力结构中，设计思维能力培养的是设计师的创新精神，没有创新精神与创新能力，设计将千篇一律，千人一面；设计表达能力培养的是设计师的设计技能，不具备设计技巧，任何创新都无从实现。设计整合能力，从某种角度来说，也是设计创新能力的一种。

就设计师的素养而言，作为一名设计师，他必须清醒地意识到自己的社会角色，承担应尽的社会责任，树立正确的设计道德观。设计师不比纯艺术创作者，他作为一个“社会人”，始终是为别人设计，为各种各样的人服务的；而后者可以全凭自己的主观意愿进行创作。因此，设计师的职业属性决定了设计师所应具备的社会意识，这种社会意识表现为一种服务意识、改进意识和协助意识。服务意识，对设计师而言，主要表现为服务客户和服务大众。改进意识体现在生活中的方方面面，设计师理应成为最合理生活方式的倡导者和实践者，从而使杂乱无章的世界向稳定、舒适、快乐迈出更近的一步。设计师的协作意识，一方面来自于团队内部的协作，另一方面表现为与团队外部的合作，如与工程技术人员、与营销人员等的合作，无论哪种合作，都是为了使设计更好、更有效地服务大众。现实世界中还存在着许多不合理的问题，如个人对人造物和技术的过分依赖，人工世界对自然界的掠夺毁坏等，而这些问题的产生与解决，都与设计师息息相关。设计师理应成为科学合理的生活方式的创造者（图 4–13）。

图 4–13　艾略特·诺伊斯 1964 年设计的美孚加油站模型

三、设计教育领域

设计师的培养，离不开设计教育。成功的设计教育，可以为社会培养一大批优秀的设计人才，如包豪斯，它的存在和影响在设计史上是不可忽视的，它造就了一个时代乃至一个世纪的设计景观影响了几代设计师；而失败的设计教育，既培养不了合格的设计师，也是对社会资源的巨大浪费。因此，对设计教育的批评，构成了设计批评的另一个主要领域。

设计教育，作为一种设计人才的培养机制，它随时代的变化而发展，同时因各国具体国情的不同而有差异。童慧明在《膨胀与退化——中国设计教育的当代危机》一文中，对中国当代设计教育状况作了详尽的描述[①]。文章指出，中国设计教育在过去十年中呈现出爆炸性的增长，中国俨然成为当今世界上最大的设计教育大国；但是，无可辩驳的事实告诉我们："设计教育大国"未必能与"设计教育强国"画等号，以"规模扩张"为特点的当下中国设计教育发展路径，不仅不会促进中国创新设计事业的发展，反而可能贻误时

① 童慧明著：《膨胀与退化：中国设计教育的当代危机》，见杭间《设计史研究》，上海书画出版社，2007 年版。

机，妨碍它的发展。那么，究竟是何种因素主导了中国设计教育在过去十年中呈现了爆炸式的增长？答案是“扩招”催动规模膨胀。而扩招的后果导致了，一方面学生素质退化；另一方面设计教育机能退化，这种退化通过六个方面体现出来：培养目标降低、教师队伍素质下降、院校同质化、学生动手能力下降、实践能力下降和学位贬值。如何走出困境？作者认为从设计教育的宏观指导思想与院校具体策略来看，起码应在四个方面实现彻底变革：回归“精英教育”轨道、改革招生制度、更新考试内容、打造有特色的专业。最后作者得出结论：唯有在正确思想指引下呼唤理性办学精神的回归，将兴办设计教育的战略重新锁定于“精英教育”的目标，并以务实的态度对待专业建设与教师队伍的打造，中国的设计创新事业才真正能有在未来攀登世界顶峰的希望。作者的观点切中时弊，分析透彻，开出的药方大体正确，不过他的回归“精英教育”轨道的想法，有点乌托邦的味道。我们要敢于正视现实，在高等教育大众化的背景下，如何建构知识、能力、素质三位一体的设计教育教学新模式，培养与社会需求相适应的设计人才，这是我们广大设计教育工作者应该着力思考与解决的新课题。

四、设计产业领域

不管是设计物的创造，设计师的成长，还是设计教育的完善，都关系到整个设计产业的健康发展。同时，当代社会的生活艺术化和艺术生活化的发展趋势，更是离不了设计产业的参与其中。因此，对设计产业的批评，构成了设计批评的另一个领域。对设计产业的批评，涉及政府层面的相关设计产业政策的制定，行业层面的相关设计协会的运作和公司层面的各类设计公司的生存与发展等问题。

从设计政策方面来看，目前世界上设计业发达的国家，都相继制定了鼓励设计产业发展的政策。早在 1982 年英国首相撒切尔夫人就主持了首次设计研讨会，并指出，“英国之所以落后，就是因为不重视工业设计”，“如果忘记优良设计的重要性，英国工业将永远不具备竞争力，永远占领不了市场”，“工业设计是英国工业的命脉，对英国来说，这在一定程度上比首相的工作还重要”，由此，撒切尔政府投资 2 亿英镑开展了著名的设计顾问计划（FCS）和扶持设计计划（SFD），这项投资取得了巨大的回报。再如 1988 年，韩国借汉城奥运会提出了“设计立国”的口号，前总统金大中还联合英国共同发表了主题是“21 世纪是设计时代”的宣言。韩国设计因而迅速在国际崛起，设计成为三星、LG 等韩国企业进军世界的重要推动力。观察中国的设计现状，在新一轮产业转移的背景下，“中国制造”正在逐步摆脱替人加工的尴尬局面，“中国创造”还在艰难起步，“中国设计”要迎头赶上。

中国为何不能像日本、韩国那样迅速地完成产业升级？制定科学合理的产业政策是非常重要的，2014 年国务院常务会议聚焦“文化创意和设计服务与相关产业融合发展”，这是设计产业发展的一个战略机遇期。“文化创意和设计服务”是文化产业中的一个组成部分。国家统计局 2012 年底出台的最新的《文化及相关产业分类（2012）》中，明确把文化及相关产业分为 10 个大类，其中“文化创意和设计服务”这一分类首次被提出，具体包括广告服务、文化软件服务、建筑设计服务和专业设计服务。这种分类适应了文化业态不断融合、文化新业态不断涌现的实践需要，也让文化产业的分类更科学、全面。

宋慰祖认为，设计产业（文化创意和设计服务）是最容易和其他产业广泛联系、发生作用并能够创造出巨大价值的领域。比如，工业设计在全球来讲都是制造业发展中的“领头羊”，设计创造巨大的财富，苹果手机从 iPhone1 到 6S，市场的火爆程度至今不减，创造了手机市场的神话，成就了一个全球市值最大的企业“航母”。

制造业转型升级是我国经济结构调整的主要任务，现在我国制造业的“软肋”是做下游和做加工的多，高端的研发和设计却是薄弱环节。有了需求才会有设计，有了设计才会创造价值。因此，设计产业的发展（文化创意和设计服务）是从“中国制造”走向“中国创造”的一个关键环节。

从设计协会层面来看，协会制定行业标准，规范行业的各种竞争行为，引导行业的发展方向，对设计业的健康发展发挥着重要的作用。20 世纪 80 年代以来，我国设计行业相继成立了国家级或地方的工业设计协会、平面设计协会、环境艺术设计协会、广告协会等，这些协会的成立和运作对促进设计业的发展，发挥着积极的作用。对此，祝帅指出：“对于新兴的设计行业来说，一个真正能够在业内获得广泛支持和认可的行业组织，在对内、对外两方面都可以发挥积极的作用。对内，可以通过设置必要的行业准入门槛，进行行业内的优胜劣汰与行业自律，在客户中间为优秀的设计设立标准，进而淘汰一些缺乏专业资质、混乱设计市场的低劣设计师和设计机构；对外，则可以以一种集中的行业形象在社会中塑造统一的行业公信力与社会认同，并通过自身的影响力促使本行业得到更多政府行为的支持。”①

从设计公司层面来看，不论是公司的战略制定，还是日常运作，都涉及设计管理问题，它包括设计管理与策划、设计管理与营销、设计管理与传播、设计与人力资源管理、设计项目管理及管理技术、设计质量管理、设计程序管理等等。一般来说，设计公司的管理主要有以下三个层次的内容②：首先是设计战略管理。企业的设

① 祝帅著：《设计大展与行业组织》，《美术观察》2008 年第 8 期。

② 参见凌继尧著：《艺术设计十五讲》，北京大学出版社，2006 年版，第 271－292 页。

计战略可分为企业形象设计战略、产品品牌形象设计战略、产品创新设计战略三部分。其次是设计实务管理。目前设计公司的基本类型有两种：一类是企业体内的设计组织，另一类是独立的设计组织。企业体内的设计组织多依附于工程部、技术部的设计部门或经营决策层的设计部门。其优点在于目的明确、针对性强，与产销结合密切；缺点则是人员稳定，风格更新缓慢，易停滞不前。而独立的设计组织则基本上是从个体设计师逐步发展而来的设计工作室或设计公司。其组织结构较为简单，设计人员少而精，配备有大量市场学、心理学、工程技术、人体工程学人员，适应市场的拓展。优点在于更新余地广、后备力量足，能形成独立的风格。设计实务管理除了以上的设计组织管理以外，还包括对设计师的管理。第三是设计项目管理。设计项目管理是为完成一个预定的目标，而对任务和资源进行计划、组织和管理的过程，通常需要满足时间、资源或成本方面的条件。

第五章　设计批评的职能

为何批评？这关涉到设计批评的职能问题。因为当我们在寻找设计批评存在的依据，寻找它能解决或解答哪些问题，这也就是批评的职能所在。那么，设计批评存在的依据或者说其职能在哪里呢？本章分别从批评对于设计作品、对于设计师、对于使用者和对于社会四个角度进行阐述。

第一节　理智评判设计的价值

设计批评是对以设计产品为中心的设计问题的批评，因此设计批评的职能，首先表现在对设计产品优劣的区分，从而理智评判设计的价值。价值是事物具有满足人的某种需要的属性。作为一种尺度，价值反映了人的需要与外在对象之间的客观关系。由于人有不同的需要，既有生理层面的，也有心理层面的；既有物质层面的，也有精神层面的，所以对象对人具有不同的价值关系。设计的价值是设计物对人的有用性，这种有用性如何体现呢？任何产品，从设计、生产到使用到废弃处理，都经历着一系列的过程；在这个过程中，产品是以不同的“社会角色”与人发生关系的，正是在产品担当的不同的“社会角色”中，设计的价值才得以体现出来。这里，我们特别着眼于设计的这样几个方面的价值：经济价值、使用价值、美学价值、伦理价值及其相互关系。

一、经济价值

设计的经济价值主要体现在产品的生产和流通领域。它一方面是企业设计和生产的目的，另一方面也是设计师在设计创作过程中必须考虑的现实条件，我们常说“设计是带着镣铐跳舞”，其原因也就在这里。

图 5-1　阿尔方索·比乐蒂 1933 年设计的意式摩卡壶，据估计至今已生产了 3 亿台

在生产领域，设计师设计的方案是提供给企业进行生产的，为了能顺利地投产，设计方案必须具有两个条件：经济的合理性和工艺的可行性[①]。所谓经济的合理性是指可取得较大的经济效益。要尽量减少投入，增加产出，并设法降低原材料、能源和劳动消耗，提高产品的功能。依据经济学的一般原理，产品的经济效益可以用投入产出比来衡量。意大利本土的资源并不丰富，如何在激烈的国际竞争中保持优势，它在很大程度上依赖设计（图 5-1）。意大利的家具、服装、首饰、皮革制品等传统产业正是依靠设计的力量，在国际上居于领先地位，对意大利经济和出口做出了重大贡献。所谓工艺的可行性，并不是说技术越先进越好，而是要求从企业现实条件出发，从而保证生产的正常进行。一般来说，先进的技术往往具有更高的效益，如在相机设计领域，数码技术较之传统的成像技术就有明显的优势，这也是当今数码相机越来越普及的原因所在；但现实中企业迫于自身条件的限制和市场的需求状况以及技术本身的成熟程度，它往往会选择最适合于自身的工艺条件。

在流通领域，当产品生产出来以后便要进入市场，此时产品便转化为商品。商品要实现其经济价值，必须要有市场，要被消费者购买和消费。如何实现这个目标呢？商品必须具备市场竞争力。商品的市场竞争力主要依靠以下几种因素来取得：质量、品种、价格和营销服务[②]。质量是根本，是确立名牌商品的基础；品种是产品类型的细分化，从而取得自身的独特性和不同对象的适应性；价格是经济合理性的体现；营销服务是手段，是刺激，但在买方市场形成的今天其重要性越来越不容置疑，它要求产品造型要有新颖性和独特性，要有良好的商标和包装策略，具有影响力的广告和促销手段以及恰当的市场投放方式，比如可口可乐品牌之所以享誉世界，这与它醒目的商标、独特的瓶子外观设计和铺天

① 徐恒醇著：《设计美学》，清华大学出版社，2006 年版，第 60 页。

② 徐恒醇著：《设计美学》，清华大学出版社，2006 年版，第 60 页。

盖地的广告投放是分不开的（图 5–2）。

二、使用价值

设计的使用价值，主要体现在消费领域。当商品交换完成以后，它就进入了消费者的手中，此时，商品便成了用品。一件产品具有使用价值，正是人类赋予设计的根本目的。

设计的使用价值体现在产品的有用性上，这种有用性包含了两个层次：能用和好用。产品的使用价值更着眼于产品的“好用性”方面，当然在“好用性”之前，还有产品的更基础层次的“能用性”要求，而且往往是“能用性”逐步向“好用性”转化。例如原始人用石头猎取动物，开始是随意地挑选未经加工的石头，慢慢地为了更有效地猎取动物，他们就把石头设计、加工、制作成石球，比如用来射杀善跑的动物的武器——投石索，石球比不规则的石头在投掷时，肯定准确、有力，这就是“好用性”的体现。再比如由苹果公司推出的 iPod 播放器，是一种大容量的 MP3 播放器，它采用 Toshiba 出品的 1.8 英寸盘片硬盘作为存储介质，高达 10 ~ 160GB 的容量，可存放 2500 ~ 10000 首接近 CD 质量的 MP3 音乐，它还有完善的管理程序和创新的操作方式，外观也独具创意，是苹果公司少数能横跨 PC 和 Mac 平台的硬件产品之一；除了 MP3 播放，iPod 还可以作为高速移动硬盘使用，可以显示联系人、日历和任务，以及阅读纯文本电子书和聆听有声电子书以及播客等。iPod 播放器的推出，为 MP3 播放器的设计带来了全新的思路，从 2001 年 10 月第一代的发布，到今天第四代、第五代以及 iPod mini 的出现，其功能越来越强大，也越来越好用（图 5–3）。

图 5–2　可口可乐瓶，1915 年设计

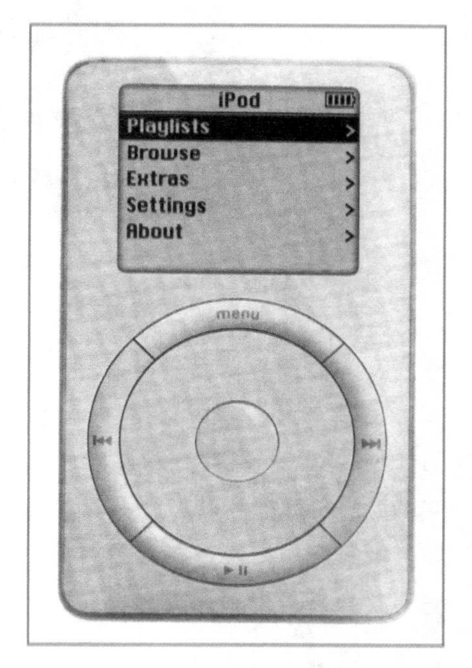

图 5–3　乔纳森·伊弗为苹果电脑设计的 iPod

设计的使用价值是一种客观存在，这种客观性一方面表现在商品本身上，它是不变的；另一方面表现在与消费者主体需要的客观联系上，它又是变化的。马斯洛的“需求层次理论”告诉我们，人的需求是多元的而且是变化的，因此，当社会环境或文化环境造成人的需要的变化时，某些物品原有的使用价值可能会丧失，而新的使用价值会随着人的新的需要而产生。这特别表现在一些受消费时尚影响较大的物品上，比如服饰用品类，20世纪中国人日常服装的变化，从长袍马褂、中山装、西装、劳动装，到世纪末多种多样、丰富多彩的各类服装，就是最好的说明。这里变化的不是服装本身的物质特性，而是人的需要（图 5-4）。

图 5-4　皮尔·卡丹 1967 年设计的未来时装

三、美学价值

一件产品，使用时要得心应手，观看时还要赏心悦目。“赏心悦目”，这关涉到设计的另一种价值——美学价值。设计的美学价值是设计艺术在视觉、触觉等方面给人以愉悦及精神上、心理上的满足。

随着当前生活审美化趋势的发展，消费者对设计的美学价值的要求越来越强烈。产品的美学价值，体现在设计产品的外观形态的赏心悦目、符合形式美的规律方面；还体现在设计产品内在形式结构的合目的性上。产品的美学价值正是这种外观形态的“合规律性”与内在形式的“合目的性”的统一。美学价值在设计艺术中主要表现为形态、色彩、材质、纹理、表面加工或表面处理、装饰等方面，它要符合人的审美心理，人们通过视觉、触觉等审美感官来感受它，从而获得心理上的舒适感和精神上的愉悦感。

设计的美学价值一方面体现在它对于商品流通和交换所起的作用上。对于这一点，徐恒醇就消费者购买商品的过程加以说明。人们购买商品是出于对商品使用价值的追求，也就是说，商品的使用价值是导致人们购买商品的重要因素。然而，在完成商品交换之前，商品的使用价值还无法得到验证。人们只有购买了商品，才能在使用中发挥出它的使用价值。那么人们是依据什么来选择和确定所要购买的商品呢？当然，人们可以参考厂家对产品性能的介绍或广告，也可以听取其他用户的经验或评价。但这些在购买决策中都是间接的因素，直接的因素仍然是消费者本人依据对商品的直观印象作出的评价。这种直观印象离不开商品的审美特征（图 5-5）。因此，要使商品的美成为促进商品流通的功能承担者，就要使它成为整个商品使用价值的展示和承诺。①

图 5-5　奥斯卡尔·巴尔耐克 1930 年设计的莱卡照相机

设计的美学价值另一方面体现在它对于使用者美学素养的培养和熏陶上。美学素养的培养，一方面可以通过家庭、学校、社会系统的文化教育，但另一方面人们每天所身处的“物”的世界对其的潜移默化的影响和熏陶更不可小觑。毫无疑问，我们生活在一个被设计了的世界之中，生活在一个“物”的世界里，如每天所见所用的房屋、家具、电脑、手机、厨房、电梯、杂志等等。就算是那点点装饰的花草，或者家养的动物也不再是纯自然的了，而是早已由人给“设计”过了。我们每天所

① 徐恒醇著：《设计美学》，清华大学出版社，2006 年版，第 117 页。

面对、使用和消耗的产品，它在满足我们的物质需要的同时，也作为一种“背景”和环境在影响着我们的审美和精神生活的需要。这种“影响”或是正面的，如美的产品对审美趣味的培养，是大有裨益的；丑陋粗糙的产品对视觉的污染，比如工业革命初期的产品设计，矫饰造作，这是对美的否定。

四、伦理价值

设计的伦理价值高低体现在产品的设计、生产和使用过程中，是否有利于物与人、物与自然、物与社会的和谐。正如帕帕奈克所强调的，设计要为广大人民服务，既包括富裕国家和健康群体，更应该包括贫困人民和弱势群体；设计还应该为保护我们居住的地球的有限资源服务。这涉及设计的伦理价值的多个方面。

首先，在物与人的关系上，设计的伦理价值要求设计着眼于最多数人的需求和利益。既要满足健康人的需求，也要考虑为残疾人服务；既要满足消费者的生理需求和物质需求，也要考虑消费者的心理和精神需求；既要满足主流人群的需求，也要考虑非主流人群和边缘人群的需求。

其次，在物与自然的关系上，设计的伦理价值要求设计着眼于可持续发展的目标。在今天一个“物”的世界里，我们面临的现实是：我们正在自己的家园建立一个人工世界，这个人工世界排挤着、毁坏着亿万年以来演化而成的自然世界。基于此种现实，德国设计委员会主席迪特·拉姆斯在《设计的责任——“更少，但更好”（少而精）》一文中，曾不无忧虑地说[①]：

“通过创造一个人工的世界，我们人类也同时把自己投入到一个显然是冒险的行动中。因为同时破坏了自然的世界，而没有自然世界我们根本无法生存：空气、水、土地、植物和动物等。

在今天，没有人能够否认：人类、工业生产以及工业产品的消费正在危机到自然的世界，也没有人否认，工业生产将不断地持续下去，以保证我们今天的生活基础不被破坏。因此人类正面临着一个必须由他自己解决的挑战性的任务。”

怎么办呢？迪特·拉姆斯给出了自己的思考和建议：

“能保证持续生产的解决公式是：少而精，更少则更精（正如Hommager an Mies说的：少就是多，Less is more）。要完成这个任务，需要很多人共同来努力，尤其是设计师。因此，就像过去设计通过‘刺激购买欲的修饰’曾经而且一直还在使产品的洪流不断地高涨那样，也同样可以用设计来使产品的洪流又低落下去。”

---

① 参见李砚祖编著：《外国设计艺术经典论著选读·下》，清华大学出版社，2006年版，第57－62页。

最后，在物与社会的关系上，设计的伦理价值要求设计着眼于和谐社会的建构。人类所设计的产品，大到城市的规划，城市建筑的设计，小到最平常的生活用具的设计，都以直观的形式进入我们的生活世界。富有伦理价值的设计，不仅为我们的生活带来了方便，而且使我们的生活变得更美好，更富有诗意（图5-6）；而糟糕的和不负责任的设计，不仅不能提高人们的生活质量和美化人们的生活世界，甚至会带给人们不幸和灾难。

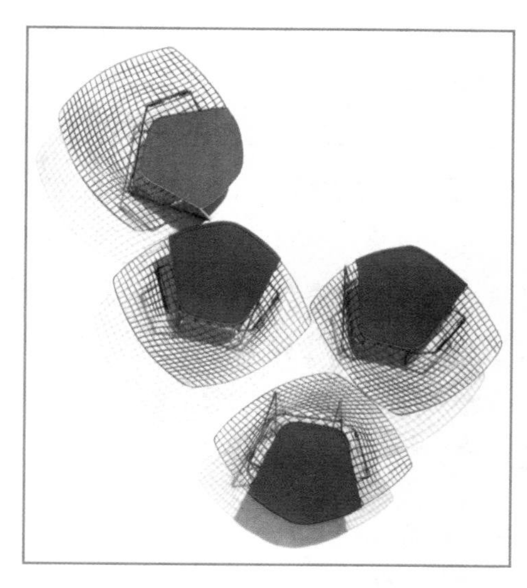

图5-6　哈里·伯托埃和查尔斯·埃姆斯1952年设计的钢丝椅子

2007年11月2日，在中国杭州西湖畔，近百名设计教育工作者与设计师一致通过了一个有关设计伦理教育的宣言——《杭州宣言》。该宣言呼吁设计界以设计的名义，共同承担起伦理反思与价值重建的责任。我们要坚决对不符合道义与正直的价值观的设计委托、设计结果说不；我们明确地申明：一切虚假、欺诈、傲慢、阿谀和平庸的设计，都是我们所唾弃的；我们必须共同维护设计之真与美的价值；我们应当努力消弭设计师与设计委托者中存在着的对于伦理道义的无知、漠视和抵触；我们应当透彻研究设计伦理，旨在建设和谐宜人的社会生活。对设计伦理的反思，一方面反映出当前中国设计界出现的一些不和谐问题亟待解决；另一方面其实是对设计师的素质教育提出新的要求。

第二节　调节设计师的创作活动

设计批评的职能，其次表现为对设计师的创作活动给予启发、引导，从而有效调节、改进和完善设计师的创作活动。任何成熟的设计作品，都不可能一次性设计完毕，它必须基于使用者的无数次使用体验和经过市场的多次检验；而每次的体验和检验过程中，无论是消费者的体验式感性批评话语，还是批评家的理性思考，都为设计师对设计作品的完善提供了依据和灵感。

设计师的创作活动，表面上看是设计师的个体行为，这表现为设计师运用专业知识与技能，将某一计划或设想视觉化、产品化，这是他不同于一般消费者的地方。但是，设计师的创作活动仍然要考虑到各种因素，诸如自身专业水平、时代风尚、科技发展、市场需求、环境保护等等，他必须有着正确的道德判断，判断将要设计出的产品是否将有利于社会利益，是否会成为那种非但不实用还会造成视觉污染和资源浪费的物品。设计师不仅要面向市场，为市场而设计，还要面向社会，关注社会，关注人们的生存状态，关注人们的真实需要，用极大的职业责任感来满足设计需要，为社会设计，为人类利益设计。因此可以说设计师的创作活动更是社会需求的反映。既源于社会需求，那么作为社会成员的消费者和设计批评家对设计活动的批评，就很可能一语中的，把握实质。设计师若能虚心学习、敏感捕捉，从中把握灵感和机会，定能进一步调节和完善自己的创作活动。设计批评对设计师的创作活动的调节作用具体化为以下几个方面。

一、引导作用

设计批评通过对设计师的作品进行具体分析和评价，指出其中的优点和缺点，有助于设计师校正自己作为第一鉴赏者的视觉感受和体验，以认清自己作品对于社会的意义和价值。批评家以作品解释者的身份出现，鼓励和支持设计者有益的创作探索；同时作为受众的代表，告诉设计者应该坚持和修正的地方，使之扬长避短，更好地发挥自己的创作才能。如美国著名跨国公司 3M 公司的标志设计，自 1906 年第一次变革以来，到目前为止经历了 20 多次变革才形成今天的标志形象；而每一次变革都离不开设计批评话语的启发和引导。设计批评也可以对某一设计师的创作进行追踪研究，把他一系列作品联系起来进行分析，帮助设计师增强主体意识，形成独特的表现手法、形式和风格。还可以就同时期的设计师的设计思想、创作倾向提出看法，以对不同的设计师群体的设计主张和创作特色作更深入的了解，从总体上阐述设计风格多样化发展的规律，提倡不同设计流派的自由竞争，势必能总体上促进设计水平和审美品位的提升。如当代中国香港设计师群体靳埭强、陈幼坚、王粤飞、刘小康、李永铨等，整体上表现出在传统与现代、东方与西方时空中的探索与思考，他们的设计风格和审美品位有益地引领着中国当代设计在泛西方化潮流中，对自身传统的再发现和再设计（图 5–7）。

图 5–7　陈幼坚作品

二、选择作用

由于设计者水平的参差不齐，决定了设计作品的优劣高下。在一定的设计标准与设计思想指导下进行选择，将那些符合一定标准要求的设计作品介绍给消费者，是设计批评家责无旁贷的工作。从消费者的角度来看，在面对众多风格各异的设计作品时，其选择也是一种批评作品的方式。包豪斯的马歇·布劳耶设计了第一把钢管椅“瓦西里椅”之后，钢管家具简直成为现代家具的代名词，效仿者趋之若鹜，风行了数十年之久。这种钢管和皮革或者纺织品结合的椅子，除了功能良好，造型还非常现代化，深受世界各地的广泛欢迎（图 5–8）。

图 5–8 马歇·布劳耶 1926 年设计的 B5 椅

再如国内著名的房地产公司——万科集团，2005 年在深圳郊区开发的一片“现代中式”的住宅群——万科·第五园，创造了开盘三小时内销售一空的业绩。担任该项目设计顾问的王受之最初担心该项目“作品虽不错，但民众会接受吗?”[①]后来的销售业绩证明了该住宅设计的成功。正是开发商和设计者抓住了消费者的心理，整体设计充分利用中式民居的建筑符号，营造出人文氛围和对自然感的强调，在突出了传统元素外又为现代生活方式提供了良好的适应性。[②]消费者的选择，实际上也是对设计产品的肯定，这样的市场信息反馈到开发商，势必会促成更多优秀楼盘出现，从而扭转国内泛滥成灾的劣质建筑设计的局面，房地产开发也将会沿着更健康的道路发展。在这里，无论是销售策划作为批评的指引，还是顾客作为批评的参与者对设计的认同，都充分体现了设计批评的选择作用。在此，选择本身就是设计批评的一种方式。

三、对话作用

对话首先是指批评家与设计师、设计师与受众之间的对话。设计批评促使对话者在平等基础上充分交流思想，交换意见，以便消除障碍取得相互的理解。从批评中听到的不应

① 王受之著：《历史中建构未来》，东方出版社，2006 年版，第 2 页。

② 王受之著：《骨子里的中国情结》，黑龙江美术出版社，2004 年版。

图 5-9 勒·柯布西耶设计的马赛公寓（1946—1952）

该是一种声音，对于一个设计所带来的一些复杂的问题，最好的态度就是采取对话和共商的态度，如此才能迸发真理的火花，让大家了解其本质，从这个意义上讲，批评是一种对话的工具。现代建筑设计大师勒·柯布西耶于 20 世纪 40 年代末在法国南部的马赛设计建造了一个大型住宅公寓（图 5-9），这是一个联合住宅，柯布西耶企图把这个建筑设计成为一个浓缩的社会，一个社区，创造一种新的生活方式，进而改变法国的城市规划，但是它脱离了马赛的实际情况和法国人的具体需求，因此这个建筑并没有得到马赛人民的欢迎，当地人以它破坏当地优美自然景观的名义将柯布西耶告上法庭。这个例子除了体现了现代建筑的功能主义忽视人们心理的功能满足外，也说明了设计师与受众之间对话的重要性。与之相对应，日本有一个由两个年轻设计师组建的设计事务所——大象设计事务所，一反通常设计界的封箱作业的模式，采用完全倒置的按订单进行设计的模式。封箱作业的模式固然能比较好地保护设计师的版权，但往往也无法了解设计的产品是否符合消费者的需求，因此产品出来之后，很可能由于定位不准而报废[①]。所以大象事务所首先是先问消费者想要什么产品，然后再找制造商建议开发，进行深化研讨，得出开发的理念，在网上提供出基本的设计概念，公开收集对这个设计的看法，直至订单数超过最低生产数额时，就将设计投入生产。这种模式不但保证了成本，保证了材料不被浪费，并且在设计过程中还与消费者直接联系和合作，使产品的开发有一个明确的方向。

四、反思作用

设计批评的反思作用，体现在批评由外部经验事实的观察走向对意识内在活动的思考，即在自我认识的升华过程中，从更高的思维层次上描述整个设计活动真实的轨迹，赋予设计实践以理性精神。这种反思是全面深入到设计产品当中去，并且在很大程度上是从

① 王受之著：《王受之讲述——产品的故事》，中国青年出版社，2005 年版，第 51 页。

现实存在的形式中反射出来的。有些所谓的批评或一味地夸饰，或凭空玄谈，都没能够体现出批评的反思作用。反思的批评需要站得更高，视角更灵活多变一些，不只是对当下事实的判断，而且能够对判断本身加以判断；不只是对历史过去的沉思，而且能对未来做出前瞻的预测，由此获得一种思维的穿透力，透过设计作品的现象去探求人们对于生活本质的感受与需求。通过反思，批评既提供了对设计作品的认识和评价，又为认识和评价的过程及其意义提供了诠释，潜在地作用于设计活动的参与者。

第三节　提高大众的审美鉴赏力

设计批评的职能，第三表现为通过批评，可以进一步提高使用者的审美鉴赏能力。鉴赏，《现代汉语词典》对其的解释是“鉴定和欣赏（艺术品、文物等）”，如鉴赏一幅书画作品、鉴赏一件宋代瓷器、鉴赏一件明清家具等，这是关于艺术品的鉴赏。进一步，艺术品中有什么样的因子值得我们去鉴赏？从中国山水画中我们能感受到一种意境美，从宋代瓷器中我们能感受到一种典雅美，从明清家具中我们能感受一种意匠美，因此，鉴赏与美息息相关。

鉴赏能力表现为一种审美态度和审美品位，它体现在日常生活的方方面面，如对服饰的选择，对家居环境的营造，对日常用品的购买等等。审美鉴赏能力的提高和完善关系着日常生活的质量。一般说来，审美鉴赏能力的提高和完善要具备两个条件，一方面是必须存在大量而丰富的美的实物；另一方面，审美主体也应该具备相应的审美素质。而且这两者的关系必须是统一的，才有意义，正如马克思所说：“艺术对象创造出懂得艺术和能够欣赏美的大众。”[①]设计批评作为一种对人造物的批评行为，它与这两者密切相关。何以如此？这要从日常生活审美化谈起。

当代生活世界有一个很显著的发展趋势，即艺术与日常生活的界限越来越模糊，日常生活越来越审美化。“日常生活审美化有两层含义：第一，艺术家们摆弄日常生活的物品，并把它们变成艺术对象。第二，人们也在将他们自己的日常生活转变为某种审美规划，旨在从他们的服饰、外观、家居物品中营造出某种一致的风格。日常生活审美化也许达到了这样一种程度，亦即人们把他们自己以及他们周遭环境看作是艺术的对象。”[②]日

① 《马克思恩格斯选集》第 2 卷，人民出版社，1972 年版，第 95 页。

② Nicholas Abercrombie，Stephen Hill and Bryan S.Turner Turner，The Penguin Dictionary of Sociology[M]. Harmondsworth： Penguin，1994.

常生活审美化，一方面是艺术的生活化，一方面是生活的艺术化；而艺术与生活的合二为一，互相渗透和融合，艺术设计是实现之的最好途径和桥梁（图 5-10）。通过艺术设计，日常生活中会越来越多美的实物，如舒适的家具、精致的装饰品、好用的通讯工具等；而通过设计批评，既可以引导使用者对物的选择使用倾向，又可以普及设计知识，提高使用者的审美素质。因此，设计批评既关系着大量而丰富的美的实物的创造，又具体化为对使用者的审美素质的培养。

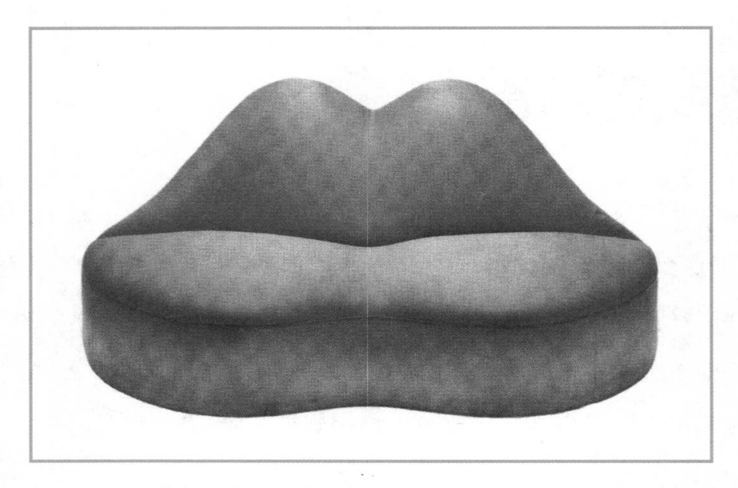

图 5-10　萨尔瓦多·达利 1938 年设计的“梅·韦斯特”沙发

一方面，使用者通过对设计作品的感同身受，能辨别出其优劣好坏，从而在实践中提高审美能力。必须承认人的审美能力的培养和提高，是一个极其复杂的过程；但美的事物、优秀的设计作品对人的潜移默化和熏陶作用，又是极其明显的。如美妙的音乐、美味的食物、清新美丽的自然景观、韵味十足的书画作品、优秀的设计作品，都可以给我们无穷的审美享受。

一般认为，要欣赏美、要探索美，要培养美感，只有从高雅的美术领域中去考虑。“美术”一词本身也道出了其中的奥妙：所谓美术，是“美的艺术”，这在西方传统上主要是指建筑、雕塑和绘画；在中国与之对应的主要是指书法、绘画。这些艺术门类在近代被认为是追求纯粹之美的艺术，以能够自由地表现各自个性而区别于一般工艺，因而受到尊重。美术作为一种纯艺术或者说自由艺术，其美感主要来源于它的形式；对形式美的直观和欣赏，可以培养观众的美的感受能力。比如，对古希腊神庙的欣赏，可以感受到一种庄严；对中世纪教堂的欣赏，可以感受到一种崇高；对达·芬奇的《蒙娜丽莎》的欣赏，可以感受到神秘和惊喜；对怀素的《自叙帖》的欣赏，可以感受到线条的生命力和韵律美；对中国山水画的欣赏，处处可以感受到可居可游可卧的意境。

然而，在日常生活越来越审美化的今天，艺术与日常生活合二为一，要欣赏美、要探索美，要培养美感，更离不开对每天与我们共同生活的设计物品的关注。对于一件设计物品，我们感受它的方式与感受一件经典的艺术作品的方式是不同的。如果说美术作品对于审美鉴赏力的培养主要是通过观众的欣赏和品味，那么设计作品对于审美鉴赏力的培养主要是在消费者的使用过程形成的。美术作品感染人们的是它的形式美以及形式背后蕴含着的意境，而设计作品给予人们的美的感受包含了形式美、技术美、功能美、艺术美、生态美等多个范畴，从这个意义上讲，设计物品对于提高人们的审美鉴赏能力，作用更大也更全面。比如对功能美的关注，可以使人们体会到一种合规律性与合目的性的统一的美；对生态美的关注，可以使人们养成更好的生活方式和生活习惯。同时，审美鉴赏力的获得，涉及感觉、知觉、表象、记忆、想象、情感、理解等多种因素，它表现为一个动态的过程；而对设计物品的选择与使用，贯穿于这整个的过程中。比方说，我们看到一辆新款轿车，首先被它新颖的外观所吸引，进一步我们会了解它的动力性、安全性、舒适性等等，甚至我们会想象着驾驶着这辆车在城市里、在野外奔驰的情景（图 5-11）。

图 5-11　保时捷 356，1948 年设计

另一方面，使用者通过对批评家的专业批评的了解，可以加深对审美的认识和理解。不可否认，人们对美的感受能力的高低并不是与生俱来的，也不是毫无差别的；恰恰相反，审美鉴赏力的提高是需要培养和学习的。客观地看，专业批评家由于其在实践和理论上的长期积累，他往往较之一般大众对设计物的审美更敏锐、更全面和更具前瞻性。所以，使用者通过报刊、书籍、网络等媒介对批评家的专业批评的了解和学习，可以加深对设计审美的认识，从而提高自身对设计的审美鉴赏能力。这在设计史上不乏其例。

比如英国作家、艺术理论家约翰·拉斯金不满于工业革命初期工业产品的粗制滥造的现状，通过著书立说，宣扬他的关于艺术与设计的美学思想，在当时影响巨大，甚至直接影响着有着“现代设计之父”之称的威廉·莫里斯的思想。拉斯金的著作颇丰，有《威尼斯的石头》《建筑的七盏明灯》《野橄榄花冠》《芝麻与百合》《近代画家》等。通过这些著作，拉斯金认为，工业艺术、日用品艺术是整个艺术大厦的基础部分。他把造型艺术称为“大艺术”，而把设计（建筑和工艺美术）称为“小艺术”。他认为1851年英国水晶宫博览会所暴露的问题是由于社会过于强调“大艺术”，而忽视了“小艺术”，“小艺术”应该为社会大多数人服务。他对艺术家脱离生活、一味沉迷于传统、只是为少数人创作而感到非常不满。拉斯金的美学思想不仅影响了当时的一批建筑师、设计师，而且也向公众普及了设计审美的基础知识（图5-12）。

图5-12　沃伊齐1891年设计的位于伦敦的福斯特别墅

再如日本学者柳宗悦通过对工艺文化的倡导、对工艺价值的挖掘、对民艺运动的推动，使普通大众认识到了民艺之美，这有助于日本民族审美鉴赏能力的提高。柳宗悦一方面通过著书立说，在他的著作中，关于工艺和民艺问题的就有九卷之多，其中以《工艺之道》（1928年）、《工艺文化》（1942年）为代表的众多著述，将深奥的工艺本质理念以通俗合理的言辞加以阐述，说明了民艺存在的意义及其重要性；一方面通过民艺运动，与同行们做了大量的调查研究工作，收集了许多优秀的民艺品，在此基础上，建立了日本民艺馆，并且还举办了多种类型和规模的展览，组织优秀的民间匠师进行民艺品的复制、销售，从而使日本社会了解民艺、珍惜民艺（图5-13）。[①]再如

图5-13　柳宗理（柳宗悦之子）1956年设计的“蝴蝶”凳

①［日］柳宗悦著：《民艺论》，江西美术出版社，2002年版，序言。

日本设计家黑川雅之，在多年的实践和思考中，基于对西方世界观的反思和对日本自身审美意识的考量，通过八个关键汉字：微、并、气、间、秘、素、假、破，从八个不同侧面展现了日本乃至东方文化的独特美。

第四节　倡导设计意识

设计批评的职能，第四表现为通过批评，可以在社会上倡导设计意识、营造设计氛围，从而为设计深入生活、设计改变生活和设计创造生活提供条件。设计批评，尤其是专业设计批评家的批评，它以某种思想或观念的形态传播开来，往往既影响着设计师的创作行为，还影响着普通大众的审美消费倾向，从而引导一种新的生活态度和生活方式的形成。这在东西方的设计发展历程中都有表现。

西方现代设计自工业革命以来，其萌芽、发展、成熟和变革，就一直伴随着设计批评和设计争鸣的声音，倡导设计意识和营造设计氛围，往往成为设计实践发展和变革的引导力和推动器。这是因为设计批评通过对某些设计现象和设计问题的批判，它往往能敏锐把握设计发展的方向，从而引领设计潮流。

西方现代设计意识有一个清晰的发展脉络，以设计思想为结点，李乐山认为主要有五个：(1) 以艺术为中心的设计。这是 19 世纪流传下来的设计思想。比如约翰・拉斯金和威廉・莫里斯对工业革命初期产品设计的批评，主要强调的是对设计中美的因素、艺术因素的重视，并将产品设计粗糙丑陋的罪恶归结于机器，这是以艺术为中心的设计意识与设计思想。(2) 面向机器和技术的设计思想，以机器和技术效率为主要目的，把人看作机器系统的一部分，或者把人看成是一种生产工具，并要求人去适应机器。这种设计思想被称为机器中心论或技术中心论，有些国家的人机工程学就是以这种思想为中心的。(3) 以刺激消费为主要设计思想。它只是强调不断用新风格刺激消费者，给产品披上美丽的外衣，而不顾及产品功能和质量；它是有计划地报废产品。这种设计思想被称为流行款式设计。如 20 世纪三四十年代美国汽车设计领域的"有计划的废止制"。(4) 以人为中心的设计，面向人的设计思想，为人的需要而设计。例如德国的功能主义，欧洲的人本主义设计，意大利和日本的后现代设计。以人为本的设计思想，突出体现在包豪斯和乌尔姆的设计哲学中（图 5-14）。(5) 自然中心论、可持续设计。它把人类社会生活看成是整个自然环境中的一部分，考虑人类的长远未来的生存问题。北欧的设计实践就很好地协调了人与自然的关系。[①]

① 李乐山著：《工业设计思想基础》，中国建筑工业出版社，2001 年版，前言。

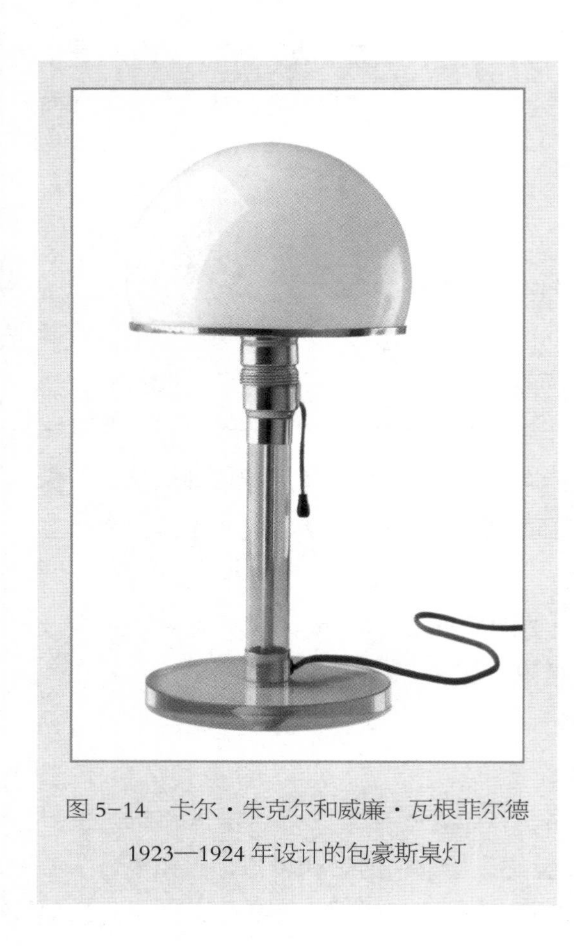

图 5-14　卡尔·朱克尔和威廉·瓦根菲尔德 1923—1924 年设计的包豪斯桌灯

日本设计师受到中国传统文化的影响，形成了既有现代设计意识又有东方美学精神的简朴设计风格。“简朴”作为一种生活态度和设计思想，已经融入日本设计师的血液中，成为他们的自觉追求。对此，西方学者 S.埃万斯在《简朴》一文中，分析了两点理由[①]：首先，追求从形式到精神的“简朴”，在日本至少有 300 年左右的历史，从德川幕府时代开始，人们都生活在一个由统治阶级制定的禁止奢侈的法令之中，甚至包括生活的细节。其次，作为日本人精神支柱之一的禅宗对于“简朴”之风的推行同样具有重要作用。“简朴”是禅宗“雅致的”美学，与日本人所追求的闲寂之美相一致。这种审美追求广泛地表现在所有造物和设计领域，如陶瓷和室内设计诸方面。从日本的设计作品中似乎看到了一种静、虚、空灵的境界，让人深深地感受到了一种东方式的抽象美。

禅是心灵智慧的流露，它讲究“明心见性，顿悟成佛”，它是一种心领神会的境界，人人都能领悟，但因内涵不同，境界高低也不同。禅的滋味又是形形色色的，每个人都可悟禅，禅是“空灵”的豁达，是“性空”的奇妙体验。禅，也不用刻意去寻觅，可它又是无处不在，只要“悟”，即可得。随着时间的推移，世间万物的荣枯变化，都不要放在心上，表现出禅师处世的淡泊与无心。

在日本，无论在繁华都市或僻静小镇的商业橱窗里，你常常会发现空无一物，就只摆一件陶器，花瓶只插一束花，茶室里只挂一幅画，这便是“禅心”。“无即是有、多即是一、一即是多”，他们用物质上的“少”，去寻求精神上的“多”，这也是禅宗美学中“把外在世界看成与内在活动相关照的一种扩展”的反映。安藤忠雄的建筑设计、五十岚威畅的产品设计、三宅一生的服装设计、田中一光的平面设计、原研哉的海报设计都可以让观赏者从中感受到一种“静、虚、空灵”的禅宗境界（图 5-15，图 5-16）。

① 参考李砚祖编著：《外国设计艺术经典论著选读·下》，清华大学出版社，2006 年版，第 15－20 页。

图 5-15　安藤忠雄 1987 年设计的东京卡拉扎剧院

图 5-16　田中一光 1981 年设计的日本舞蹈招贴

禅宗与设计的结合令日本设计师们心驰神往，浮想联翩，并成为他们表现自己文化心理结构和审美感受的最佳选择。因而，在他们的建筑、园林、插花、陶艺等设计理念中，普遍认为“简单的优于复杂的，幽静的优于喧闹的，轻巧的优于笨重的，稀少的优于繁杂的”。所以在他们的创作中，他们常将那些江边暮雪、山村落日、渔舟晚唱、石幽水寂、山乡野趣等等，一些含有禅机的意象，巧妙地纳入自己用图形或形态构筑的自由王国，追求一种清远幽深的意境。在享受自然风物之美的同时，含蓄委婉地传达出自己的心性所在。①

中国古代的器物文化源远流长，既有器物层面的丰富多彩，如史前时期的彩陶、商周青铜器、秦汉漆器、六朝瓷器、唐代金银器、宋元瓷器、明清家具等等；也有“道”的层面的理论成果，如先秦时期的《考工记》，以及后来的《天工开物》《长物志》《园冶》《闲情偶寄》等，这些都是对中国古代造物设计的思考与批评。长期以来，通过器物层面的熏陶和文化批评层面的积累，中国人形成了独特的器物观，用今天的话来说就是独特的设计意识、思想和观念，从中可以发现中国人待物之真、善、美。

① 参见伍斌著：《禅境——日本设计的文化特征》来源于网站：设计在线 2007－05－07。

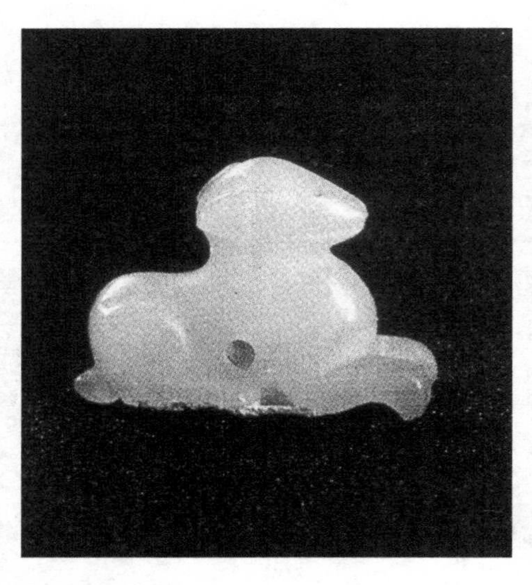
图5-17　玉兔　隋

物之真。一方面，物之真主要体现在“顺物自然，物尽其用”的造物观上。顺物自然、物尽其用的设计思想，可以从“天工开物”的“开”字得到启示，不是天工造物，而是天工开物。开物意味着自然界本来蕴藏着取之不尽用之不竭的有益之物，设计师只需要去打开、去发现、去琢磨。如古人制玉，只需要在玉石上“切”“磋”“琢”“磨”，就自然形成了玉器（图5-17）。另一方面，物之真还可以从《考工记》提倡的“审曲面势”“材美工巧”上得到阐释：“审曲面势，以饬五材，以辨民器，谓之百工”，它道出了中国自古以来造物工艺的一个规律，即设计要从观察物质材料的特性开始，物质特性决定制作工艺和设计方法。“天有时，地有气，材有美，工有巧，合此四者，然后可以为良。材美工巧，然而不良，则不时，不得地气也。”这突出了造物设计相互联系的四个方面，其中天、地、材是客观现实和自然物质因素，而工是前三者的综合表达，也是人为因素。天时、地气、材美通过工巧而共成一体。“顺物自然，物尽其用”的设计思想，既影响着中国古代的造物设计，也对中国当代设计产生积极影响。

物之善。一方面，物之善主要体现在“重己役物”的传统造物观上。重己役物，是重视个体的生命本身，控制人造物体，它始终强调任何设计都应该以人为主体。“中国古代的设计强调重视人，而不要让这种机巧把人造物发展得过分，这始终是设计思想的一个主流。”①另一方面，物之善，要求造物的功能与形式的和谐统一，其中主要表现在设计的功能要求，但孔子认为“质胜文则野，文胜质则史”，进而提出了“文质彬彬”的命题，对设计来说就是功能和审美的统一。

物之美。人类制造物品，如果仅仅为了功能，就无须在造型、色彩、装饰等方面进行精心的设计和制作。人类除了生活在一个理性与合乎逻辑的世界中，同时也生活在一个感性和富有情趣的世界里，对一个物品的要求不是简单地停留在功能的层面上，而是要上升到审美的高度，达到功能（善）与审美（美）的统一。这是中国古代器物设计中一个非常重要的理念，张道一认为它“反映了人类造物的根本要求和终极目标，规范和制约着人们

① 杭间著：《朴素而精致的古代设计思想》，《新美术》2013年第4期，第7–11页。

的造物思想和行为”。[①]“美善相兼”“尽善尽美”是先秦诸子重要的美学思想，它对古代器物的设计影响深远。在不同的历史时期，各式各样的器物无不感性地显现了美（审美）与善（功能）的统一。宋代瓷器通过造型、釉色、纹饰等综合表现，形成了“功能”与“审美”高度统一的状态。宋代陶瓷在造型上不再展示丰满、浑圆的唐风，而是显现出挺拔、俏丽、雅致的宋韵。烧制陶瓷的匠师们首先注重的是满足人们生活的使用需求，然后才对器物的造型方面进行艺术处理。如梅瓶、玉壶春瓶的造型就是范例。梅瓶是宋代普遍烧制的瓶式之一，小口、短颈、圆腹、广肩，肩以下渐敛，圈足。因瓶体修长，宋代称为“经瓶”，是盛酒器。故将其设计成小口、短颈和修长的瓶身，小口是为了贮存酒液时不易挥发，而修长的瓶体、瘦削的瓶肩，纤细的腰身，腰以下内敛，犹如苗条的少女，给人轻盈、俏丽的美感（图5－18）。玉壶春瓶[②]，由诗句“玉壶先春”而得名，它敞口、细颈、削肩、鼓腹、底为圈足，以变化有致的弧线构成柔和、匀称的瓶体。其瓶体特点是有意拉长颈部，提高整个瓶身的高度，是宋代具有时代特色的器型（图5－19）。北宋曹组《临江仙》句云：“青琐窗深红兽暖，灯前共倒金尊。数枝梅浸玉壶春”。[③]可见，此玉壶春既是酒瓶也是花瓶。宋

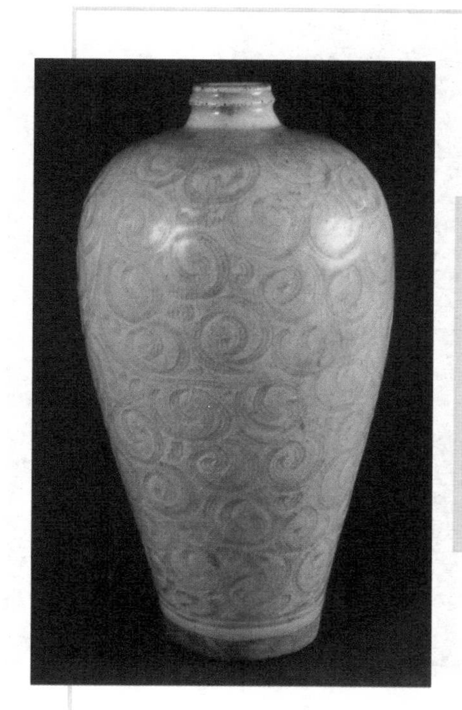

图5－18　刻花云纹梅瓶　南宋

图5－19　玉壶春瓶　宋

① 张道一主编：《工业设计全书》，江苏科技出版社，1994年版，第1020页。

② 参见中国硅酸盐学会主编：《中国陶瓷史》，文物出版社，1982年版，第294页。

③ 唐圭璋编：《全宋词》（第二册），中华书局，1965年版，第803页。

图 5-20　上海老广告

代的定窑、耀州窑、磁州窑、龙泉窑等都在烧制玉壶春瓶。宋以后各朝各代都有烧制，品种有青花、釉里红、五彩、斗彩、粉彩等。

中国现代设计观念是在中与西、古与今的碰撞与交流中逐步建立起来的，其中有迷茫、有彷徨、有争论、有舍弃、有选择，有成绩也有深思。中国现代设计的百年历程，李砚祖将其分为三个阶段：①

第一阶段是20世纪上半叶，甚至包括以前一段时间（鸦片战争以后）。这一阶段是现代设计思想启蒙、现代设计意识扩散，现代设计企业（广告公司等）、职业产生，现代设计产品（无论国内所产还是舶来品“洋货”）推广的一个重要阶段（图5－20）。第二阶段是中华人民共和国成立以后的30年，中国的现代设计进入了一个自觉的、建设性的阶段。这一阶段设计发展的一个重要特征是它统在“工艺美术”这一代名词之下，但不是传统手工艺型的“工艺美术”，而是面向大机器工业和现代社会生活的各类现代型的设计。第三个阶段是20世纪80年代改革开放以来。这一时期，国际设计主流或前锋已进入所谓的后现代阶段，西方世界的各种设计思潮、流派、方法、产品大量进入中国，中国也派出留学人员赴欧美和日本等国学习。

近百年来，“设计”在中国经历了曲折的道路，正如杭间在《另一种启蒙——30年来的中国设计观察》一文中所言：“形而上地看，中国人近现代的生活质量、文化的尊严、传统与现代的纠结，可以相当夸张地体现在‘设计’的层面上。作为我们内心中由‘坚船利炮’阴影构成的西方先进文化的代名词，‘设计’以及它所体现的‘物’成为一种先进生活方式的象征，在中国不同时候的改革中成为许多先进人物的向往和追求，但是，由于中国社会发展形态的局限，‘设计’的变体——工艺、图案、装饰、工艺美术等等，就相继成为中国设计曲折发展的表征，无数具有超前思想的设计师或设计教育家，不可避免地成为悲剧英雄。”②

① 李砚祖著：《设计的建设责任》，《南京艺术学院学报（美术与设计版）》，2007年第2期。

② 杭间著：《设计的善意》，广西师范大学出版社，2011年版，第60页。

中国现代设计的思想观念主要通过图案—工艺美术—艺术设计三个名称的变迁而反映出来。一般说来，图案侧重造物的创意构思的前阶段，工艺美术侧重造物的工艺制作的后阶段，而艺术设计既不是先有对象，后有“美化”的设计，也不是在物品成型之后再附加上去的“美化”成分。艺术设计存在于策划、设计、生产（制作）、销售等过程中，并且超出了一般意义上的“艺术”活动的范畴，而与技术、材料、工艺、市场、消费、反馈等因素紧密地结合在一起，形成了完整的策划、设计、生产、销售、反馈体系。艺术设计不再是停留在“美化”物品的基点上，而是深入到了“物—人—环境—社会”这一复杂的关系之中。

从东西方设计意识、思想与观念的发展流变中可以看出，不管是西方现代设计思想的输出，还是日本现代设计的成熟，还是中国现代设计观念的庞杂，我们都始终面临着如何对待自身传统、如何对待外来文化和如何创新的问题。对这三个问题的思考与批评，关系到设计意识的自觉性、设计思想的成熟与设计观念的前沿性。

自身传统，是历史，是设计师对自己国家的设计传统和设计资源的掌握。如何对待自身传统？中西方的历史给出了不同的方法。西方历史表现为时代的划分，一般可以区分为古希腊、中世纪、近代、现代和后现代五个时代，时代的变革往往导致设计传统的改革，从而引发新的设计思想的建立和新的设计风格的形成，这在西方现代设计的发展历程中表现得尤为明显。因此，可以说西方文化在对待自身传统时，往往更多突破。中国历史表现为朝代的更替，上下几千年，设计传统一脉相承，缓慢发展，比如中国建筑的木材料、梁柱结构和大屋顶特征，几千年来始终在精益求精，逐步完善。因此，可以说中国文化在对待自身传统时，往往更多的是继承。

外来文化，是资源，是设计师对他国设计文化和设计资源的吸收和利用。如何对待外来文化？视而不见、全盘接受还是“拿来主义”？视而不见，一方面视外来文化为“洪水猛兽”；一方面视外来文化为糟粕、垃圾；在今天的国际化与全球化的时代里，这两种态度都是行不通的。全盘接受，往往容易泥沙俱下。中国当代城市建设的高度雷同化和越来越多的奇奇怪怪的建筑，就已经说明了问题的严重性。要掌握鲁迅先生“拿来主义”的精髓：“他占有，挑选。看见鱼翅，并不就抛在路上以显其‘平民化’，只要有养料，也和朋友们像萝卜白菜一样的吃掉，只不用它来宴大宾；看见鸦片，也不当众摔在毛厕里，以见其彻底革命，只送到药房里去，以供治病之用，却不弄‘出售存膏，售完即止’的玄虚。”“没有拿来的，人不能自成为新人”，没有拿来的，设计不能自成为新设计。

创新，是设计师针对问题整合资源的创造。如何创新？一是对自身传统的发扬光大，如当代设计利用“中国传统图形”作为设计本土化的重要资源，产生了如靳埭强、陈幼坚、陈放、吕敬人等一批高举民族旗帜的优秀设计家，诞生了以“中国印·舞动的北京”

奥运会徽、中国银行标志、中国联通标志等为代表的一大批优秀设计作品。这些作品体现出时代精神和传统意趣的和谐统一，不仅成为一种设计的文化身份识别符号，而且也为人们高度关注。二是对外来文化资源的消化吸收，如美国在 20 世纪三四十年代，通过吸收欧洲特别是德国的现代设计理念，再融合自身的市场优势，形成了独具美国特色的现代商业设计模式。三是对自身传统和外来资源的整合，如日本的现代设计之路，既坚持了日本传统的简朴的造物观，又整合了西方设计的功能良好的优点，从而走出了一条创新之路。如日本时装设计师三宅一生通过他的设计实践，成功地向世人展现了东方精神与现代时尚的结合。他采用东方的设计韵味，但并不排斥选用爱尔兰的毛料，意大利的丝绸，甚至连纸张、橡胶、塑料等工业生产的原料也都是他考虑的对象。他对于东方元素的运用，绝不像某些设计师那样仅仅以异国情调作为噱头，而是要创造人体和服装的和谐之美。三宅一生的设计意识与设计灵感虽来自日本，可是，他所营造的设计文化氛围是东方的也是世界的（图 5–21，图 5–22）。

图 5–21　2000 年三宅一生秋季系列

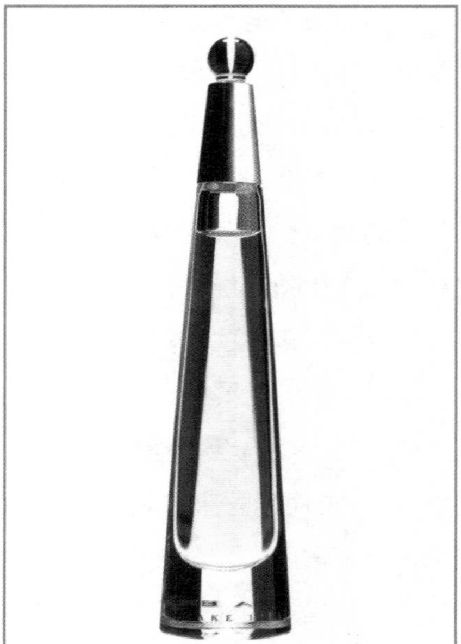

图 5–22　三宅一生香水瓶，1997 年设计

第六章　设计批评的视野

如何开展设计批评活动，这涉及批评的方法与视野问题。在具体的设计批评活动中，因为设计物品的不同、使用环境的变化和社会条件的改变等因素，设计批评要有广阔的视野就显得非常必要了。视野，即眼界，是一个人看和思考问题的广度和深度，它包含视点和视域。看和思考问题的视点的差异和视域的大小，关系着设计批评视野的开阔与否。只有具备广阔的设计批评视野，我们对待设计批评问题的研究与思考才会深入。但开阔的视野从何而来？因为设计是一门综合性和交叉性学科，它与科学、艺术、文化、哲学、经济、心理学等学科总是发生着千丝万缕的联系，因此，我们思考和批评设计现象和问题，就少不了借助这些学科的一些资源和视角。所以，我们需要把设计放在一个多学科的交叉位置，并从多个相关学科的视野中去观察和思考，由此设计批评活动才能真正做到有的放矢，不失偏颇。

第一节　设计批评的文化视野

文化是相对于自然而言，文化是人的产物。从宽泛的意义上来理解，正如英国学者泰勒所说："文化或文明，就其广泛的民族学意义来说，乃是包括知识、信仰、艺术、道德、法律、习俗和任何人作为一名社会成员而获得的能力和习惯在内的复杂整体。"苏联学者卡冈认为："文化是人类活动的各种方式和产品的总和，包括物质生产、精神生产和艺术生产的范围，即包括社会的人的能动性的全部丰富性。"学界对文化的定义已达两百种之多，而且新的解释还在不断出现。我们在这里倾向于对文化作这样的解释：文化在本质上是人的本质力量的显现与外化，它是人类通过与外在的、构成创造前提的环境相适应而创造的一切生活方式的总和。这就是说文化不仅包括物的方面，也包括心的方面和心物结合的方面。文化是人类生产方式的总和，是人与环境相互作用的产物，既是人适应自然，与之相互作用的结果；也是人适应社会，人与人相互联系的结果。文化一旦形成并不断演变、发展，又制约着包括设计师在内的所有人的心态行为及其与外在环境的关系。[①]

设计作为一项创造性活动，既不能简单地说它是物质文化，更不能说它是纯粹的精神文化；它既是物质文化，也是精神文化，它是融物质文化与精神文化于一体的“本元文化”(张道一语)。从文化的发生学原理来看，“本元文化”是人类文化最原始的形式：人类最早的造物活动是物质、精神不分的，随着人类实践活动的不断展开和深入，“本元文化”又不断分化为物质文化与精神文化，同时作为造物活动的“本元文化”并没有消失，而是随着物质文化、精神文化一同发展、共存共生。[②]

鉴于设计活动的这种“本元文化”特征和心物结合的特点，从大文化的视角来审视和考察人类的设计活动，就为设计批评活动展现出广阔的文化视野。在这一视野内，我们至少要关注两个方面的问题：一方面文化对设计的促进、影响乃至制约，即一定的文化环境、文化氛围、文化心态等从多个方面对设计的影响和制约；另一方面，设计本身作为一种文化，它构成了文化的一个分支，丰富并发展着文化。“具体说来，设计的形态、影响范围、逻辑行程和社会互动也构成了一种设计文化。它是具有独特的社会服务、社会交流、社会改造作用的文化分支，在社会大文化中确证其存在合理性，在同其他各文化构成因素（例如经济、政治、宗教、伦理、教育、军事等）相互作用、渗透乃至撞击的过程中发挥其社会文化功能，逐步形成相对独立地位和深厚发展潜质的分支文化。”[③]以下分别就这两个方面稍加论述。

首先，具体的文化环境、文化氛围、文化心态等对设计的多方面的影响和制约。可以说，任何设计作品都是一定文化背景下的产物，它无不刻上或深或浅的文化印痕。我们说，一个时代有一个时代的设计风格和艺术风格，这种“风格”也无不是这种文化的“符号”和表现形式。从漫长的农业社会到以机器大生产为特征的工业社会，再到今天集工业和后工业、市场经济和知识经济于一体的后工业社会，可以说在不同的文化背景下，中西方的设计是各不相同的，而且各自内部在不同的历史时段有着明显区别。

---

① 章利国著：《现代设计社会学》，湖南科学技术出版社，2005年版，第5－6页。

② 李龙生著：《思尺方圆——设计艺术文化谈》，黑龙江人民出版社，2004年版，第145页。

③ 章利国著：《现代设计社会学》，湖南科学技术出版社，2005年版，第6页。

如果可以将西方的“设计”概念运用于中国古代器物研究，那么中国传统的造物工艺无疑是人类丰富的设计资源。中国古代各个类别的器物，它的产生和发展乃至衰微，尤其受着当时具体的文化条件和环境的制约与影响。譬如中国传统的建筑设计，它的形式与材料是那么有别于其他国家，比如独特的屋檐，而且屋顶上有曲线；比如用木材而不用其他材料等等，这是源于中国人独特的价值观和文化传统（图 6-1）。因为中国从六朝开始在绘画理论上就有“气韵生动”之说，后世尤其把气韵生动视为最高准则。这种准则反映在造型艺术上就是飘逸、流动的感觉。这样的造型文化观必然反映在建筑上。“汉代不用石砌建筑，实在因为石头太厚重，没有飘逸感。唯有木材，而且采用木柱支撑系统，才可能建造出当时的主流文化所需要的感觉。”“在六朝时期，中国建筑产生了翼角起翘，就是一种气韵生动的表示”[①]，是中国传统文化的必然产物。再譬如，三代时期的青铜器，它是典型的中国礼仪文化的产物。“昔夏之方有德也，远方图物，贡金九枚，铸鼎象物，百物而为之备，使民知神奸”（《左传·宣公三年》），青铜制品那巨大沉重的造型体量，神秘狞厉的装饰风格，充分体现了贵族统治者的威严与力量。青铜制品显然不是贵族统治者的装饰品和奢侈品，而是政治权力的象征，是国家的礼器与权柄之象征（图 6-2）。再以服饰设计为例，古代的服饰是社会政治秩序、道德

图 6-1　故宫建筑一角

图 6-2　大禾人面方鼎　商代后期

① 汉宝德著：《中国建筑文化讲座》，北京三联书店，2006 年版，第 30 页。

图 6-3　凤冠　明

秩序的标志，它不仅是护体御寒，还要别贵贱、正人伦、行礼仪等。封建时代还不许普通人的服饰上着龙凤图案，色彩也有特殊的规定，可见礼仪文化对服饰设计的影响之深（图 6-3）。

再来看西方文化对设计活动的制约与影响。西方历史不同于中国历史的朝代更替，它更表现出不同时代的划分。比如，古希腊时期，是一个诸神的时代，人与神的关系成为那个时代的主题。诸神规定了人的存在之路，人要听从神的召唤；诸神也规定了人的造物设计活动的价值取向。所以，古希腊时期的造物设计无不打上为诸神服务的烙印。“古希腊所留下来的一切雕刻，所有的绘画，甚至工艺品上刻画的图样，乃至精美绝伦的建筑，都是神话世界的产物”[①]，如神殿，是诸神自身显现的地方；议政厅，是人们讨论自身命运的地方，而人的命运又是由诸神规定的；剧场，是人与诸神争斗的地方，而人的命运又始终逃离不了诸神的控制。所有这些建筑样式都是古希腊文化土壤孕育的结果。中世纪是一个宗教的时代，欧洲各国的基督教文化在思想意识的各个领域占有绝对统治地位，支配着中世纪文化艺术和社会生活的方方面面。在这种情况下，设计艺术会毫不例外地受到宗教的影响而倾向于精神性的表现。设计成为超凡脱俗，沟通天堂的工具，设计的目的也更为直接地为基督教统治服务，为一切通向天堂或向往天堂的人设计。[②]从中世纪许许多多的设计实例中都可以看出中世纪时期基督教会对于家具设计、手工艺设计，特别是建筑设计的深刻影响。其中最具典型意义的当推哥特式建筑。哥特式建筑以其垂直向上的动势，形象地表现出一切朝向上帝的宗教精神。近代一直被人们称为理性的时代，表现在这一时期的设计艺术上，是“文艺复兴时期一反中世纪刻板的设计风格，追求具有人情味的曲线和优美的层次”。[③]

相对于以上西方传统设计而言的西方现代和后现代设计，同样深受西方现代和后现代

① 汉宝德著：《中国建筑文化讲座》，北京三联书店，2006 年版，第 24 页。

② 尹定邦著：《设计学概论》，湖南科学技术出版社，2003 年版，第 119 页。

③ 何人可主编：《工业设计史》，北京理工大学出版社，2000 年版，第 20 页。

文化思潮的制约和影响，甚至可以说某种程度上就是其产物。现代设计的产生、发展是工业革命以来，以机器大生产为特征的工业文化的产物。工业文化追求标准化，追求效率，提倡功能主义等，这些就是现代主义设计的特征。现代主义设计讲究功能第一，反对装饰，采用钢筋混凝土、玻璃等材料是与时代的要求相适应的（图 6–4）。而后现代设计则与西方随着丰裕社会的到来，社会对多元文化的需求越来越迫切密切相关。所以，后现代设计的多元化，重视个性化同样是后现代文化的反映（图 6–5）。

图 6–4　美国帝国大厦　1931 年

图 6–5　弗兰克·格雷里 1989 年设计的德国维特拉设计博物馆

其次，设计本身作为一种文化现象，从其产生之日起就在不断地丰富和发展着文化的内涵与外延。设计文化伴随着人类设计活动的展开而发展。它既不同于一般的物质文化，也不同于纯粹的精神文化，而有着心物结合的特征。当人类打磨出第一块石器时，他就是在实用性的基础上同时追求着审美的愉悦。这是设计文化的最初发生。伴随着人类器物文化的发展，人们赋予器物以各种各样的内涵与意义。器物本身成为一种文化的载体。如中国传统的玉文化，讲究“君子比德如玉”，玉成为君子之德的象征。再如中国传统的松、梅、竹、兰图案，是传统设计中一个经常出现的母题，构成了独具中国传统文化特色的设计文化（图 6–6）。

图 6–6　康熙松竹梅纹青花罐

就西方现代设计而言，以米斯的“少则多”为原则的国际主义设计风格，按照美国作家汤姆·沃尔夫的说法，它影响了世界大都会三分之一的天际线，它构成了今日世界都市独特的建筑文化景观。还有德国“包豪斯”的成立与发展，作为一件具有深远意义的历史事件，对它的研究与解读也构成了当今多个领域的文化现象。特别是2010年11月，杭州市政府斥巨资从德国引进“以包豪斯为核心的西方近现代设计史系列藏品”，共计7010件，它们将在中国美术学院（象山校区）永久安家，为“包豪斯”的研究提供了丰富的史料。

研究设计批评的文化视野，除了要关注以上两个方面外，同时还要注意文化间的交流与传播对于设计的影响，和设计活动对于促进文化间的交流的作用。尤其是在今天的信息时代，世界各国间的文化交流越来越频繁，一国优秀的设计作品，对于他国的启发与影响越来越大。设计文化需要交流与传播，并在交流与传播中不断发展与创新。

第二节　设计批评的哲学视野

“就一定意义上说哲学是文化的核心，对一种文化的深层了解离不开去把握或揭示其哲学的内涵”，[①]在这种意义上讲，我们要了解设计和设计文化，就必须了解设计哲学或者说从哲学的高度去思考设计。从哲学的高度去思考和批判设计，就为设计批评活动敞开了深厚的哲学视野。那么怎样去把握设计批评的哲学视野呢？首先要追问哲学及其本性。

哲学的本义在古希腊是“爱智慧”或“爱的智慧”，是关于思想的系统表达。在中世纪，哲学成为基督教的婢女。在近代，哲学成了世界观和方法论。到了现代，哲学与非哲学的界限逐渐消失，哲学自身也趋向多元化发展。所以，当代哲学越来越成为非哲学，它与科学、文化的关系变得模糊起来。鉴于当代哲学的这种状况，面对当代设计，哲学有何作为？“哲学只是思想，它除了批判以外无所作为。”“这在于哲学自身在根本上就是批判。批判不是简单地等同于否定，具有一种消极的意义，而是区分和划分边界。”[②]作为区分边界的哲学，它为当代设计批评指明了方向。设计批评与作为批判的哲学在这里有了共同的话语与方法。所以，从哲学批判的眼光，我们怎样去看待和思考当代设计问题，怎样去指导和协助设计批评活动的展开，首先要对设计本身进行明确的区分，进而分析设计的本性以及这种本性产生的哲学根源。

在日常语义中，对设计的理解十分宽泛，而且有多重含义，通常可分为三类：第一，精神活动层面。设计作为人的一种创造性活动，是指在人的意识和思想中对人的生活世界进行预先设定与规划，如我们常说邓小平是中国改革开放的总设计师。第二，造物活动层

① 汤一介主编：《20世纪西方哲学东渐史》，首都师范大学出版社，2002年版，总序。

② 彭富春著：《哲学与美学问题》，武汉大学出版社，2005年版，第299、287页。

面。设计起源于人类物质生存的需要，是人为了改善生存环境，而进行的有目的的造物活动。“一般说来，设计这一字眼包括了我们周围的所有物品，或者说，包容了人的双手创造出来的所有物品（从简单的日常用具到整个城市的全部设施）的整个轨迹。”[①]第三，非物质层面。指在信息的社会中，对信息的表达和处理所进行的设想与规划，如人机交互界面的设计、软件程序设计等。在我们日常语言和文化中，这三种语义都在同时使用，但其中第二种语义的使用更为广泛，人们提到“设计”往往是指关于艺术在实际运用领域的一种技能、经验和知识体系。

除了日常语义上对设计的一般理解外，古往今来，中国和西方的哲学理论形态上对设计也有这样或那样的看法，这为我们从哲学视野来思考设计敞开了另一番天地，为设计批判寻得了一种思想的依据。

如果承认中国的儒家思想、道家思想和中国化的佛家思想中有着丰富的哲学资源，而且把中国古代的造物工艺看成是中国设计的历史形态，那么，无疑可以说中国丰富的哲学思想资源中，有着关于设计的多角度思考。比如儒家重器，特别是礼器。礼器从实用器具演变而来，当其成为定制在特定的礼仪上使用，就是礼器（图6-7）。[②]孔子多以礼器喻人，其目的在于鼓励弟子通过自我修养而成为君子。后世论人多用器字，如器宇、器局、器量、器能、器识、器重等等，与孔子的重视不无关系。道家轻器，这种态度是道家崇尚自然，主张返璞归真的必然结果。禅宗讲究心灵的觉悟，因此根本问题不是外在的，而是内在的，即对于人自身的佛性也就是自性的发现。[③]所以，器在禅宗这里也是无关紧要的，甚至会搅乱人的本性，使人妄生贪欲，阻碍人顿悟成佛。儒、道、禅三家思想是中国传统文化的主干，它们对“器”的认识，对造物的思考构成了中国传统设计形态的哲学视野。在这种视野内我们可以看到，总体上中国文人士大夫对于传统物质文化及其研究多不屑一顾，“形而上者谓之道，形而下者谓之器”，崇“上”而鄙“下”，能够心平气和地“坐而论道”，却不愿意正眼看待器物以及制作器物的工

图6-7　玉兽面纹琮　红渚文化

① ［法］马克·第亚尼著：《非物质社会》，四川人民出版社，1998年版，第62页。

② 陈少明著：《说器》，《哲学研究》2005年第7期。

③ 彭富春著：《哲学美学导论》，人民出版社，2005年版，第21页。

匠。[1]

中国古代虽然有着对造物设计的思考与评说，但不曾将造物作为士大夫的主流文化来看待，而中国现代设计更多是西学东渐的产物，所以我们必须将视野转向西方。

将设计作为一项独立的学科来思考，是西方工业革命以后的事情。在此之前，从古希腊到中世纪，设计一直是在传统技艺的范畴内被思考、被言说的。它与艺术家的创作理念和活动相关联，对内是理念的追寻，对外是质料的赋形，将神或上帝的观念物化。在此之后，最初从文艺复兴开始，美的艺术与手工艺逐渐分离，艺术家的地位上升，工匠则被逐出艺术的家族。而工业革命的发生，最终将设计与艺术分离，而且设计从生产、制造、销售中分离开来，设计从此走上了独立的道路。“设计出现在艺术与工业的交汇处，出现在人们开始对批量生产产品应该像什么样子做出决定之时。”[2]这时，设计意味着决定和判断，是对生产产品的预设和规划。设计先于制造，与制造产品的活动相分离，成为生产制造之前的规划、设想等，制约着产品的制造，介于思想与制造之间。

设计介于思想与制造之间，这是机器化的结果，设计的本性在这里得以凸显。机器化之前，技艺显现为人身体的活动，手工艺品的制造直接相关于人的身体。身体直接与物打交道，将物显现为一手上之物，人对物有着整体的把握。这时的技艺集艺术性与技术性于一身。机器化的发生，使机器代替了人的身体，机器技术代替了人身体的技艺，人成为机器化生产中的一个环节，人的技艺性只是体现在产品制造过程的某一环节中，从而中断了人与物整体的直接联系。设计在这里就转换为在机器生产之前拟订计划、制作草图和对产品的部件之间的相互关系进行统一规划和预想。而计划、草图的修订必须要符合机器技术的原则，在此设计为机器技术所规定，机器技术追求标准化，追求效率，讲究理性原则，这些都成为现代设计追求的目标。但设计中仅有技术因素是不够的，因为设计的最终目的是人而非机器或产品，产品的功能和形式要符合人的心理和情感需要。因此，产品的形式还须显现为美的形态。这是自英国批评家拉斯金、莫里斯以来，西方一大批设计人士提倡艺术与技术的新统一的内在原因所在。

以上从日常语义和中西哲学理论上对设计不同形态的区分与分析，为我们认识设计的本性敞开了一条道路。日常语义中对设计的认识多是粗浅的大白话，但哲学理论上对设计的区分却为我们显现了设计的本性：设计介于思想与制造之间，是人为了更好地生存而进行的一种创造性活动，显现为从无到有的生成。那么，设计的这种创造性是如何产生的呢?

---

① ［日］柳宗悦著：《工艺文化》，广西师范大学出版社，2006 年版，丛书总序。

② Stephen Bagleg，Art and Industry，London：Boeilenhouse Project，1982：9.

设计的目的是人，是为了满足人生存的需求。这种需求包括人的生理和心理两个方面。人有生理和心理上的需求，就说明人的生理和心理上有欠缺，有欠缺就需要设计去创造和发明。正如佩卓斯基在《器具的进化》中所说："不论发明的灵感是自发还是源自他人，不论是号称百万发明或是善用社会资源，不论以英文还是拉丁文来表达，创造发明的中心思想是对现状不满，进而寻求变化。"① 一方面，人身体功能上的不完满导致身体的欠缺。工具的制造和使用某种意义上就是人的身体的延伸。身体功能的不完满是人设计的第一动力，为了获得这部分功能，就促使人有了创造工具的设想，而将这一设想付诸行动就产生了设计。另一方面，人心理的惰性促使人的创造欲望的产生。惰性，一般被认为是一种懒散、意志消沉、不求上进的消极心理表现，但它也有积极的一面。由于心理惰性的存在，人类贪图安逸、舒适地生活；为了能更安逸、舒适地生活，人类就需要不断地克服困难，去进行创造与发明。对"现状的不满和寻求变化"正是设计不断创新的动力（图 6–8）。

图 6–8　英国 GPO150 烛台式电话，1924 年

从哲学视野来看设计，设计是介于思想与制造之间，是人为了更好地生存而进行的一种创造性活动。反观我们今天的设计活动，好多设计作品、设计现象，只是为了凸显"制造"，而成为没有"思想"的物与环境，这样，诗意的生存和诗意的栖居，就成为不可能。

第三节　设计批评的美学视野

当代生活世界有一个很显著的特征，即生活的审美化和审美的生活化。这不是某种生活态度和审美态度的变化，而是一种历史的生成，也就是生活变成美的，而美变成生活

① [美]亨利・佩卓越斯基著：《器具的进化》，中国社会科学出版社，1999 年版，第 43 页。

的。这样我们所处的时代可以称为一个走向美的时代①。在这样一个走向美的时代里，生活的审美化和审美的生活化都需要美、艺术走进生活，并成为生活本身，而美、艺术的融入生活离不了设计艺术的参与其中，设计连接美与生活并使二者融为一体。设计与审美的关系是如此紧密，正如格罗佩斯所言："对于充分文明的生活说来，人类心灵上美的满足比起解决物质上的舒适要求是同等的甚至是更加的重要。"毫无疑问，从美学的视野来思考设计问题，为设计批评活动提供了有说服力的理论依据。

从西方美学诞生的历史来看，在传统经典的美学视野中，设计显然不属于美学研究的领域。在美学创立之初，美学是作为哲学学科的一个分支，"作为美学学科的命名者，鲍姆嘉通认为人的心理活动分为知情意三个方面，在已有的哲学学科的分类中，相对于认识的有逻辑学，相对于意志的有伦理学，而相对于情感或者是感性认识的却没有一门学科。为此他创立了美学，并认为美学的对象就是感性认识的完善，亦即美。"②于是，美学作为感性学，作为一门关于美的科学，研究美、美感和艺术，这构成了传统经典美学的研究视野。

传统经典美学把它的理论视域限制在极为有限的范围内，它对美的研究只关注美、崇高、悲剧等范畴，并在逻辑的思维运作中来思考和把握所谓美的本质，对美的本质的把握和探讨是经典美学的主要任务。③它对艺术的研究仅关注"美的艺术"，即建筑、绘画和雕塑，尤其是绘画和雕塑，因其在近代被认为是追求纯粹之美的艺术，以能够自由地表现艺术家个性而区别于其他艺术。显然，"传统经典美学不是试图把审美和艺术与人的现实生活和生命存在联系起来，而是把美和艺术从现实生活和艺术创作中抽象出来；它探索的是抽象理念世界的概念和逻辑，而不是审美事实和艺术生活的现实化逻辑和审美世界；它不关注审美的情景和事实，而是关注审美的非现实性和艺术的非感性理念。"④在传统经典美学的这样一种思辨视野内，那些属于现实生活之一部分的、有着极强实用性的工艺物品及工艺文化，无疑进不了传统美学家的视野，构成不了他们的思辨对象。

在现代与哲学的死亡一样，美学也陷入了前所未有的困境。在传统美学与现实生活脱节的地方，现代美学不失时机地进行了弥补。尤其是现代美学体系中一个非常有活力的分支——设计美学的出现，一方面突破了传统美学所圈定的范围，是美学的突围；另一方面

---

① 彭富春著：《哲学美学导论》，人民出版社，2005年版，第2页。

② 彭富春著：《哲学美学导论》，人民出版社，2005年版，第2页。

③ 李建盛著：《希望的变异——艺术设计与交流美学》，河南美术出版社，2001年版，第211页。

④ 李建盛著：《希望的变异——艺术设计与交流美学》，河南美术出版社，2001年版，第212页。

是日常生活审美化的结果。在现代社会，物质生活的进程，意识形态的转变，历史文化的发展，科学技术的进步，给人类创造出一个不断变化的世界，审美和艺术不断地向人们的实际生活领域渗透，这种审美生活化的结果客观上也提高了生活的质量，带动了生活的审美化。这两种进程的互动进行，必然会促进现代设计的繁荣，使设计美学成为现代美学领域中最具活力的一个分支。

设计美学的诞生与发展，是现代设计繁荣的结果，是设计在现代生活世界日益重要的标志。它的出现为设计批评活动建构了美学视野。

在设计美学思想的发展历程中，首先要谈到的就是英国的约翰·拉斯金和威廉·莫里斯。拉斯金是英国著名作家、艺术理论家和批评家。他非常重视艺术工业问题，认为工业艺术、日用品艺术是整个艺术大厦的基础部分。另一方面，他对工业革命和机器生产持否定的态度，认为机器生产破坏了艺术，影响和降低了产品的艺术质量，解决的办法是回归到手工业生产方式，这显然有悖于历史发展的大趋势。莫里斯的思想深受拉斯金学说的影响，他既是著名的设计师，又是设计理论家和批评家，因其在实践和理论上对现代设计的巨大贡献，被西方有的学者称为“现代设计之父”。

拉斯金和莫里斯作为现代设计事业的开创者，他们敏锐地发现当时的艺术，包括工业艺术，以及他们周围几乎所有的时兴建筑，在设计和生产上软弱无力、粗糙拙劣、装饰过度，庸俗不堪。他们发现应该对这种情况负责的是工业革命以及从1800年以来创立的美学理论。①一方面工业革命的发生，伴随着劣等的材料和蹩脚的技术统治了整个工业系统的后果；另一方面，传统美学理论虽不太为人所知，却深深地影响了艺术家，使艺术家开始轻视实用价值和广大民众。艺术家不再是个工匠，“他把自己禁锢起来，远离时代的真实生活，退居到他神圣的小圈子里，创造为艺术的艺术，为艺术家自己受用的艺术。与此同时，公众对他固执己见，看起来毫无用处的言论也茫然莫解。”②

拉斯金和莫里斯最早认识到从文艺复兴以来，特别是从工业革命以后，艺术的社会基础变得动摇不定、腐朽不堪。他们一方面批评当时设计上的庸俗无能，另一方面提倡艺术与手工业、美与技术的结合。这是现代设计美学思想的最初萌芽，他们已经有了用现代美学的眼光来看待设计问题的意识，虽然他们解决设计困境的途径是逆时代而行，但这种批判意识非常难能可贵。拉斯金和莫里斯的学说影响深远，在他们之后，西方社会发生了一系列旨在解决艺术与技术的关系问题的设计运动。比如艺术与手工艺运动、新艺术运动和

① [英] 尼古拉斯·佩夫斯纳著：《现代设计的先驱者》，中国建筑工业出版社，2004年版，第2页。

② [英] 尼古拉斯·佩夫斯纳著：《现代设计的先驱者》，中国建筑工业出版社，2004年版，第3页。

装饰艺术运动等。

谈到西方设计美学思想，包豪斯是一座思想的丰碑。它是西方现代主义设计的集大成者，它对现代设计，对世界各国设计艺术的影响是无法估量的。它继承和发扬了自英国“艺术与手工艺运动”以来的设计美学思想的精华，尤其是“新艺术运动”和德意志制造联盟的传统，促进了设计教育向科学化的方向发展，推动了现代设计的发展和进步，同时也形成了比较成熟的设计美学思想[①]。其中，尤以法国的柯布西耶和德国的格罗佩斯、米斯等人的设计美学思想为这一时期的主流批评话语。

柯布西耶提倡机器美学，他于 1923 年出版的《走向新建筑》一书，是机器美学的经典之作。柯布西耶的设计美学追求造型中的简洁、秩序和理性，不要任何的装饰性；他有一句名言：“房屋是居住的机器”，他要用理性精神来建造人类“新建筑”（图 6-9）。理性主义成为现代主义设计的美学原则之一。格罗佩斯和米斯都担任过“包豪斯”的校长。格罗佩斯主张“艺术家的感觉与技师的知识必须相结合，以创造出建筑与设计的新形式”。他在包豪斯倡导新的教学方法，形成了科学和独特的设计教育理念。米斯主张“少则多”的减少主义原则，这一原则成为现代主义设计的核心理念之一。正是由于一大批现代设计先驱们的努力，“包豪斯”的设计教育体系才得以形成，也使得现代设计美学思想成熟起来。

图 6-9　勒·柯布西耶 1928 年设计的位于巴黎郊外的萨伏伊别墅，也叫“清澈时光”

① 李龙生著：《思尺方圆——设计艺术文化谈》，黑龙江人民出版社，2004 年版，第 16 页。

“包豪斯”对现代设计的贡献是巨大的，它的影响并不仅在于为世界培养了一大批杰出的建筑师和设计师，更在于它的设计美学精神。这种精神在世界各国大放光彩。“设计的目的是人而不是产品”，至今仍然还是一个十分重要的设计美学思想。然而，“包豪斯”的设计美学思想也并非十全十美，它对现代设计艺术的发展也产生了一些负面的影响。比如在产品造型中过分迷恋抽象的几何造型，从而陷入了形式主义的泥淖之中。况且，太多的几何造型会使设计艺术给人一种冷漠感，缺乏人性的温暖。对“包豪斯”最为激烈的批评，是它对建筑设计的影响，造成了“国际式”设计风格的大流行。国际主义设计风格在世界各国的风行，一定程度上消解了各国的建筑文化与建筑传统，淡化了设计艺术地域性和民族性的内涵，使富有创造性的设计艺术，陷入模式化的陷阱，因而受到人们广泛的批评，特别是后现代设计美学的批评。

后现代设计的出现使设计美学思想发生了转型。因为后现代设计包含了现代主义之后的各种设计流派，所以后现代设计美学思想是杂乱和多元的，但有一个共同点，都是对现代主义设计美学的纠正和改进。现代主义设计美学追求理性原则，反对装饰，讲究功能第一和少则多的原则等，这些在后现代设计美学主张中都得到了纠偏。后现代追求多元的设计美学主张（图 6-10），这在后现代设计的主要理论家文丘里和詹克斯的学说中都得到了体现。

图 6-10　埃托·索特萨斯 1981 年设计的“卡尔顿”壁架

文丘里是美国当代著名建筑设计师，他于 1966 年出版了建筑理论大作《建筑的复杂性与矛盾性》，该书提出了一个错综复杂的建筑的宣言，认为“多”并不能以“少”取得，“多”并不是“少”，从而反驳米斯“少则多”的现代主义设计原则。詹克斯是后现代主义设计理论的权威之一。他是最早提出建筑和设计上的“后现代主义”这个术语的理论家。鉴于后现代设计的复杂性，这里对后现代设计的美学思想就不展开论述。

从设计美学的发展历程来看，设计美学与设计批评在概念、内涵等方面都有共通性。设计批评立足于美学的视野来分析和思考设计作品和设计问题，首先必须要突破传统美学的局限性，努力在现代美学的基础上去丰富设计美学的内涵，从而找到设计批评的依据。

第四节　设计批评的科学视野

科学技术因素一直以来就是设计中的极为重要的因素。一部人类的设计史，某种程度上可以说就是一部技术的发展变革史。特别是20世纪以来，设计中形式与风格的变革都或多或少地与技术的发展和进步有关。比如，现代主义建筑设计对钢筋混凝土、玻璃幕墙等新材料的依赖；现代视觉传达设计与电脑和互联网技术的密切相关等。设计艺术依靠科学技术的发展而发展，从科学的角度来审视设计，为设计批评活动的开展提供了一个新的视野。

考察人类设计艺术的发展史，可以发现技术因素一直以来就是设计活动的物质基础；但它在不同的社会历史形态中，在设计中的作用和地位又不尽相同，而且与艺术的关系也发生着变化。

在手工艺时代（从原始社会到蒸汽机出现之前），设计过程中技术与艺术是浑然一体的，“技”就是“艺”，“艺”也就是“技”。古希腊文的“techne”一词，既有“艺”之内蕴，又有“手工和制作”之意，其最初含义包括人造物品、器具和工艺、技能、本领或实用技艺。中文“藝”就有“技”和“艺”两层含义。所以，从工艺美术史或古代设计艺术史来看，设计过程中，技术、技艺的成分和艺术的、审美的因素是密切联系在一起的[①]，它们都相关于手工制作，并通过工匠的手工劳动而完成。此时，“设计”很难同工匠的“制作”相区分，它处于一种无意识状态，但集艺术与技术于一身。如青铜器在设计和制作的过程中，从早期的泥模法到后来的蜡模法，再到后来焊接等技术的运用，青铜器造型上的艺术因素随着技术的变化而变化。商周青铜器的艺术和设计风格严谨而端庄，神秘而威仪；春秋战国时代由于焊接技术的使用，青铜器的造型增加了纽、环、提梁等功能性部件，工艺形象变得活泼疏朗，代表作品就是春秋时期的莲鹤方壶（图6-11），从设计风格上看，它突破了商周青铜器威严、狞厉之美的藩篱，开创了瑰丽清新、活泼自由的时代新风格。

---

① 李龙生著：《思尺方圆——设计艺术文化谈》，黑龙江人民出版社，2004年版，第5页。

图 6-11　莲鹤方壶　春秋中期

近代以来，随着工业革命的发生，机器技术代替了人身体的技艺，技术与艺术呈现出一段很长时间的分离状态（从蒸汽机的出现到 20 世纪初）。这个阶段由于科学技术的飞速发展，工业革命的成功，物品制造不再是作坊式的手工劳动，而是实行普遍的机器化生产，形成了批量化、标准化的流水线式的生产方式。在生产效率得到大幅度提高的同时，由于机器生产取代了手工制作，机器生产的产品没有手工制品的物品精致、美观，导致了机器产品的非艺术化倾向和粗制滥造的缺点。而当时的美学和艺术理论远离时代的真实生活，追求为艺术而艺术的幻象，艺术家更是轻视实用价值和广大民众。在技术与艺术的这样一种背向发展中，设计过程中技术的因素在不断增长，美之成分却越发贫乏起来。1851 年伦敦国际博览会在展现工业革命的巨大成就的同时，也将工业产品粗制滥造的弊端暴露无遗。于是出现了以拉斯金和莫里斯为首的一大批设计师和设计批评家对工业技术的批判，对好的设计的呼唤。

正是这种批判和呼唤，促使人们对设计中技术与艺术关系的再思考和再实践。从英国“艺术与手工艺运动”呼吁艺术与手工艺的结合开始，到新艺术运动主张技术与艺术相结合，再到德国“包豪斯”形成艺术与技术新统一的宗旨，并将之付诸实践，现代设计中技术与艺术相分离的状态才重新走向统一。这种统一不等同于传统设计中手工技艺与艺术浑然一体的状态，而是对现代机器技术的肯定，对美和艺术生活化的赞扬；它不仅表现了设计者的审美素质，审美理想和设计水平，也反映了社会的审美趣味和审美风尚，更表现了社会大众的审美要求和生活需求。

现代科学技术发展到今天，为人类更美好地生活创造了无数的可能性。从工业化时代到今天的信息化时代，现代技术通过艺术设计活动影响着我们生活的方方面面。从机器技术到信息网络技术，现代技术已经成了我们生活环境的一部分，“技术形成了包围设计者的环境。……随着技法、材料、工具等变化，技术对设计的创造产生了直接影响。”①设计师通过新材料、新工具、新技术，努力创造出符合时代要求的设计作品（图 6-12）。

① [日] 大智浩・佐口七朗著：《设计概论》，浙江人民美术出版社，1991 年版，第 26 页。

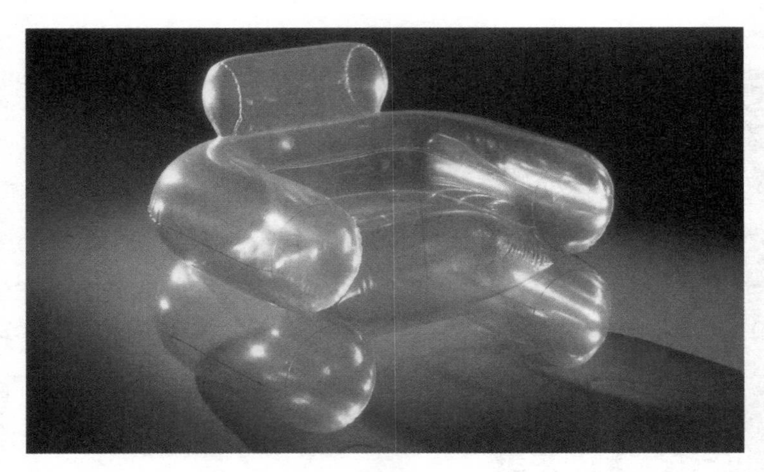

图 6-12 乔纳森·德·帕斯等 1967 年合作设计的充气椅子

早在包豪斯后期，格罗佩斯在 1926 年 3 月出版的德绍宣传资料上，就强调了材料方法技术资源对设计的重要性。他说："只有不断地接触先进的技术，接触多种多样的新材料，接触新的建筑方法，个人在进行创作的时候才有可能在物品与历史之间建立真实的联系，并且从中形成对待设计的一种全新的态度。"[①]包豪斯的大师们大多高度自觉地关注新材料、新工艺、新技术。例如，格罗佩斯在 1925—1926 年间设计德绍的包豪斯校舍时，就运用了多种当时的新材料、新工艺：钢筋混凝土结构框架、玻璃幕墙、闭合的双层过街天桥、最新防水材料等（图 6-13）。正是由于早期现代主义建筑大师们将表现工业化时代

图 6-13 沃尔特·格罗佩斯 1926 年设计的包豪斯大楼

① 转引自［英］弗兰克·惠特福德著：《包豪斯》，北京三联书店，2001 年版，第 223 页。

精神作为自己的指导思想，高度自觉应用新材料、新技术成果，并将之与现代艺术运动中的风格派、构成主义等相结合，才创造出了崭新的现代主义设计文化。

20世纪中叶以来，人类科学技术的发展日新月异，特别是计算机技术和互联网的普及，正在成为当代设计重要的技术支撑。比如在视觉传达设计领域，结合电脑和互联网这一新的科技文化，产生了网页和多媒体设计。电脑网络技术在设计中的运用，彻底改变了前工业设计和工业设计的空间界面，从设计程序、设计运算、设计方式、图形制作到方案选择，为设计师提供了前所未有的灵活性。它的迅猛发展不仅使设计在这方面的运用成为可能，而且已经成为在当代各个设计领域得到了广泛运用的现实。

现代科学技术已经影响到人类生活的方方面面，它的理性主义、效率至上、标准化、功能主义的原则正在为人们的生活带来便利。但当技术因素越来越广泛地渗透到设计活动中，设计可能被技术所绑架，所以任何技术工具都具有两面性。比如电脑网络技术在给设计带来便捷快速的同时，也容易使设计师过多产生依赖，而不再去苦苦思索与保持主体的创造本性。当他面对设计任务时，只是徘徊于旧有的某些解答，而不去探索新的解决方法和途径。“这意味着，新技术总是既是一个前提，也是一种威胁。它从来不是一个与生俱来的社会进步，它自身从来不是善本身。关键性的环节不是技术本身，而是技术是以怎样的方式以及出于怎样的目的被使用。”① 所以，“设计不仅仅是一种技术的运用，设计更应该是一种艺术。在高度发展的技术条件下，设计艺术家不用怀疑技术在设计中的作用，重要的是设计艺术能否从艺术的维度和以审美的眼光为技术产品提供更丰富和更多维的意义空间和文化空间，使设计产品是技术的同时，也是艺术的。”② 这才是设计批评应当具备的科学视野。

第五节　设计批评的设计视野

不论是古代设计还是现代设计，设计艺术都受一定时代的文化氛围、哲学思潮、美学追求和科学技术条件的影响和制约，这也是我们考察设计批评的文化视野、哲学视野、美学视野和科学视野的原因所在。如果说以上视野都是设计批评的外部视野，是从影响设计和设计批评的外部环境而言，那么，我们还要进一步研究设计批评的内部视野，也就是说从构成一项设计活动本身的合理与否、优良与否出发去反思设计行为，即设计批评的设计

① [瑞典] Jan Garnert 著：《灯的精灵——关于光明与黑暗的民族学研究》，《民俗研究》2005年第1期，第234页。

② 李建盛著：《希望的变异——艺术设计与交流美学》，河南美术出版社，2001年版，第100页。

视野。只有外部视野与内部视野的统一，对设计活动的认识与反思才会深刻和全面。

设计批评的设计视野关注的是评价一项设计活动本身合理、优良与否的标准，这包括构成一项设计活动本身的各要素及其相互关系。只有从这些要素及其相互关系出发，一项设计的优劣与否才有了一个批评的坐标。从中西方相关的工艺文献和设计理论来看，我国早在先秦时期的工艺文献《考工记》中，就有了对造物设计相互作用的四个方面的阐述，“天有时，地有气，材有美，工有巧，合此四者，然后可以为良”，天时、地气、材美、工巧，合为美。这是我国古代文献中最早对什么是“好的设计”和“美的设计”的表述和评价。西方在古罗马时期，著名建筑师维特鲁威就提出了建筑设计的基本原则是“坚固、适用、美观”。所以，从设计本身的要素去评价和思考设计，不仅有其必要性，而且有着悠久的历史传统。以下我们着眼于设计本身，从设计与非设计的界限以及“好的设计”的标准两个方面进行探讨。

当我们追问什么是设计时，某种意义上我们也是在思考什么不是设计。正如约翰·A. 沃克在《设计历史与设计的历史》一书中所说：“像所有的词语和概念一样，‘设计’获得其意义和价值并不仅仅因为它所意指的东西，它同样意指差异性的东西，即通过与其他的、邻近的术语如‘艺术’、‘工艺’、‘工程’、‘大众传媒’进行比较。”[①]所以为了更好地把握设计的本体论特征，首先要区分设计与非设计的界限。

首先，设计不等于艺术。我们说设计不等于艺术，一方面既要看到设计与艺术的区别，另一方面也要看到设计与艺术的联系。“从词源学上看，‘艺术’（art）来自于拉丁文‘ars’，意指木工、铁匠、外科手术等技艺或专门的技能。在古希腊、古罗马时期，艺术的概念还等同于‘技艺’一词，是一种特殊的、有用的技巧，而这种含糊意义的艺术概念一直持续到 18 世纪。18 世纪初，艺术的概念逐步地‘纯化’，即艺术与工艺概念逐步分离。在那以后，西方的艺术特指音乐、绘画、诗歌、舞蹈、建筑、雕塑六大门类表现‘美’的艺术。”[②]可以说是 18 世纪欧洲工业革命的发生，真正使设计从手工艺、艺术中分离开来，并开始职业化、系统化和理论化。从此，艺术与“实用”分离，与“美”联姻；而设计与实用、功能、市场等紧密结合。所以，通常我们讲艺术，它更多地是指艺术家个人情感的表达，而设计总是为他人设计，为市场设计，它要考虑设计的使用对象、目标消费群，要解决具体而实际的问题。

其次，设计不等于工程、技术。工业革命以前，作为传统设计形态的工艺与技术合为一体，同属技艺的范畴；工业革命以后，随着整个设计环境的变化，设计从工程、技术、

① Walker, John A (1990). Design History and the History of Design. London: Pluto Press, p.23.

② 柳冠中著：《事理学论纲》，中南大学出版社，2006 年版，第 10－11 页。

艺术中独立出来，形成独立的学科。工程、技术是现代设计的基础，设计选择工程技术手段来实现自身，但工程或技术关注的是物与物之间的关系，而设计更关注物与人的关系，物之于人的能用性和好用性，物之于人的生理功能、心理功能和审美功能上的满足等。这也是工程师不能取代设计师的原因所在。

再次，设计不等于营销。设计可以成为一种营销的有效手段，但设计绝不仅仅于此。设计基于生活中的某一问题出发，为创造一种更美好的生活方式而努力。而营销与市场息息相关，其走到极端就成为商家牟利的工具。

凡此种种都说明设计具有自身独有的特征和性格，构建设计批评话语，关键是要去发现设计本身的独特性，从本体论上来认识和思考设计。当然我们说设计不等于艺术、技术或营销等等，并不是否定设计与它们的联系；相反，设计与艺术、技术和市场有着紧密的联系，它作为一门人为事物的科学，受到人的逻辑、技术的逻辑、资本的逻辑和环境的逻辑的支配。那么，到底什么是设计呢？由于设计在语义上的丰富性和开放性，任何企图把设计压缩为一个本质性定义的做法可能都不能令人满意。柳冠中从事理学的角度，将设计理解为人为事物的一种，从人—物—环境这个系统出发来定义设计："它被理解为：以系统的方法，以合理的使用需求、健康的消费，以启发人人参与的主动行为，来创造新的生存方式，也可以说创造新的生存文化。"①

从设计与非设计的界限思考，为我们从本体论上认识设计提供了帮助；但由于设计概念的丰富性和开放性，以及设计各门类自身的独特性，我们要想更好地把握设计批评的设计视野，了解好的设计的原则、标准，就应该从各个具体的设计类别出发，作进一步地思考。

由于设计学科与现实生活的紧密联系，随着社会实践的不断变化和发展，理论界对设计的分类也在不断地发生变化和深化。一般说来，多数学者倾向把设计分成平面设计、立体设计和空间设计。也有设计师和理论家倾向于按设计目的不同，将设计大致划分为：为了传达的设计——视觉传达设计；为了使用的设计——产品设计；为了居住的设计——环境设计三大类型。但任何分类都是人为的，都难免有矛盾和遗漏的地方。我们采用黄厚石、孙海燕在《设计原理》一书中对设计的分类方法，将设计分为五种差异较大的类型：视觉传达设计、产品设计、环境设计、服装设计和服务设计②。以下分别就这五种设计类型的设计视野具体论述之。

① 柳冠中著：《事理学论纲》，中南大学出版社，2006年版，第8页。

② 黄厚石、孙海燕著：《设计原理》，东南大学出版社，2005年版，第35页。

一、视觉传达设计的批评维度

“视觉传达设计”一词于20世纪20年代开始使用，而正式形成于60年代。它可简称为“视觉设计”，是由英文“Visual Communication Design”翻译而来。它包括了平面设计、包装设计、CI设计、多媒体设计、动画设计等方面，而且随着信息技术的不断发展，其外延在不断地拓展和发生变化。总之，视觉传达设计是以视觉传播和信息交流为首要目标的设计类型。虽然视觉传达设计包含着很多的子类别，但从共性上看，优秀的视觉传达设计的标准可以从以下几点来规范：

首先，传达性。视觉传达设计是为了传达的设计，传达性是其首要的和核心的目的。传达包含了传者和受者双方，而不是单方面的行为。所以，有效的传达设计必须从传者与受者双方的互动中去考虑。从内容上看，传达的信息必须为传者和受者双方都能理解与接受，而不应该是传者在唱独角戏，受者不知所云；从形式上看，为了达到信息有效传达的目的，设计时必须考虑字体、颜色、图片、版式等的选择与安排在受众心目中的可接受度。

其次，艺术性。在传达的基础上，视觉传达设计还要考虑在传达一定信息量的同时，作品能给受众以美的或艺术的享受。只有从艺术的层面上，以美的、幽默的、滑稽的、夸张的等方式去打动受众，才能更有效地抓住目标受众（图6-14）。

图6-14　赫布·鲁巴林1966年的字体设计（母亲和孩子）

再次，创造性。当然在传达性和艺术性的层面都要求视觉设计要有创新和创意，这里特别提出创造性要求，就想更加强调创造性之于视觉传达设计的重要性。因为在今天这个资讯特别发达、广告充满我们眼球的时代，品牌如何从众多的竞争对手中跳出来，从而抓住受众的眼球，唯有靠不断地去创新。怎样去创新？创新就要独辟蹊径、与众不同（图6-15）。

图 6-15　西摩·查斯特 1965 年为依莱克特拉唱片公司设计的搬家招贴

二、产品设计的批评维度

产品设计包括手工艺设计和工业设计，它是为了使用的设计，是为人服务的。根据这一目的，好的产品设计有哪些共同特征呢?

首先，适用性。产品之美首先建立在适用的基础上，对人必须具有使用价值，能为人所用，使人感到方便、顺手、合适、舒畅。“适用”的含义有两层：一层是“有用性”，“有用性”是产品的一个重要功能，产品如果失去了这样的功能，也就没有什么使用价值了；功能包括物理的功能、生理的功能、心理的功能和社会的功能等。另一层是“好用性”，或者说“宜人性”；“好用性”是在“有用性”的基础上的更高层次。只有两个方面的有机结合，才能成就一个好的产品设计。在工业设计史上，美国著名设计师雷蒙·罗维于 20 世纪 30 年代把“流线型”设计风格运用到电冰箱的外观设计上，把冰箱的顶部设计成弧形，当时美国的家庭主妇纷纷抱怨，说这样的冰箱顶部连个鸡蛋都放不住，可谓中看不中用，违背了设计的适用原则。

其次，经济性。所谓经济性，在这里不是廉价的意思，而应该理解为：以最少的物质消耗来获得最大的效益，尽可能地减少浪费，在产品设计的材料、人力投入、能源消耗等方面要进行合理的预算，把它纳入成本。同时产品设计还必须尽可能地符合人机工程学原理，使人在生产和生活中，以最少的能量消耗去增进较多的舒适感，这也是产品设计中经济性的内涵。

图 6-16　菲利普·斯塔克 1991 年设计的『茜茜小姐』桌灯

再次，审美性。产品的审美性，不仅仅表现在产品外观的美化上，还存在于产品内在形式结构的合理化方面。产品内在形式结构的合理化就是要符合功能美的要求（技术功能、物理功能等），功能美是产品在市场畅销的根本保证。产品外观形式的美化，主要是指产品造型上的形式美、装饰美、艺术美等。如菲利普·斯塔克 1991 年设计的“茜茜小姐”灯具，造型优雅，落落大方，具有很强的视觉美感（图 6-16）。

第四，创造性。设计的本质在于创造。在科技日益发达的今天，产品更新换代的周期日益缩短，产品的设计和开发以及改良设计等，都必须突出一个主题：创造性或原创性。一个产品如果没有创新或创造性的东西，消费者是不满意的，设计师是不称职的，社会是难以进步的。创新性表现在功能上的创新、造型设计上的创新等（图 6-17）。①

图 6-17　阿尔内·雅各布森 1958 年设计的“蛋”椅

① 李龙生著：《咫尺方圆——设计艺术文化谈》，黑龙江人民出版社，2004 年版，第 216－220 页。

三、环境设计的批评维度

图 6-18　阿尔尼·杰克布森 1971 年设计的丹麦国家银行

一般来说，环境设计是对人类的生存空间进行的设计。环境设计通过对自然因素、人文因素和科技因素的综合考虑而创造了与人类密切相关的生存空间。因此，环境设计有赖于人影响其周围环境的能力，赋予环境视觉秩序的能力，以及提高人类居住环境质量的能力。①

环境设计的类型包括城市规划、建筑设计、室内设计、景观设计和公共艺术设计等，它们是综合自然、社会、人文等诸多因素的整体设计，是生理与心理、物质与精神、理性与感性等相互统一的综合设计，它们有着审美上的共性和个性（图 6-18）。从设计批评的角度来看，环境设计是否优秀，要看它是否达到以下要求：（1）是否以人为中心，在设计中是否做到方便、舒适、顺畅；（2）环境空间是否具有归属感和认同感；（3）环境空间和环境实体（造型、色彩、材质）的设计，是否给人以美感享受；（4）环境设计是否考虑到人类行为的多样性与人们审美趣味的多元性。②

四、服装设计的批评维度

服装是人类社会生活的产物，它伴随着人类实践活动的始终，体现着人类的审美理想与审美情趣。服装——人体的“包装”，在人类衣食住行的各种需要中占据显要位置。

像人类所有其他人造物品一样，服装在产生伊始基本上都是为了满足功能的需要，然后才不断满足人类心理的、情感的、精神的需要。所以，对好的服装设计的评价同样需要从功能与形式两个方面去把握。

从功能的角度看，服装的功能美表现在实用功能、象征功能和审美功能三个方面。实

---

① 黄厚石、孙海燕著：《设计原理》东南大学出版社，2005 年版，第 38 页。

② 李龙生著：《咫尺方圆——设计艺术文化谈》，黑龙江人民出版社，2004 年版，第 232 页。

用功能在服装之美中是首要的，它具有遮蔽、御寒和保护身体的作用。我国早在先秦时代就有对服装实用功能的记载，如《墨子》：“圣人之为衣服，适身体，和肌肤。”就像其他的人类造物一样，服装的实用性功能要求在人类的历史上从未消失，但却受到其他因素的影响而产生了一些变化，同时服装还有象征功能和审美功能等。象征功能是指服装能象征一个人的地位、财富以及在特定群体中的角色位置等，比如穿着的仪式化要求使得服装经常以非功能甚至有悖于功能的面貌出现，向世人展示着服装的宗教价值和社会价值。审美功能是指服装能够美化自身、装饰自身，表现穿着者的审美趣味和美学修养等。服装的象征功能和审美功能不如实用功能具有宽泛的普遍性，它们在不同的时代和不同的民族具有自身独特的所指，所以，服装的象征功能和审美功能具有时代性和民族性特征（图6–19）。

从形式的角度看，服装的形式美首先要表现人的形体美。服装之美就是要展现和烘托人的自然形体，突出人体形态之美。人类几千年的服装史，其表现形体美的方式不外乎两种：裸露和遮蔽。裸露人体的某些部位，以展示人体之美；或遮蔽人体的某些部位，以展示人体的线条、轮廓等。在此意义上，遮蔽也是另外一种形式的展现，并给人以神秘感和无穷的想象空间。服装的形式美，还表现在线条、体量、式样、色彩的变化与统一等方面（图6–20）。

图6–19　20世纪初有美感的服装

图6–20　约翰·加里阿诺1997年的服装设计

五、服务设计的批评维度

服务设计是在商业发展中新兴起的一种设计类别，是为了服务的设计，它包括会展设计、活动策划、仪式设计等。服务设计类型是一种综合性设计，它以服务对象的要求为出发点，从时间、空间、人物等多个方面综合考虑，细心规划。

比如在会展设计中，设计师就要考虑展示的空间设计、色彩设计、道具设计、陈设设计和照明设计等多个方面。优秀的空间设计能让公众在展示空间中可视、可闻、可询、可触摸，在运动中接受信息；好的色彩设计能给会展一个色彩基调，这就如同一首乐曲的主旋律，能起到美化展品、美化展示环境的作用，给公众以视觉上和心理上的美感享受；成功的道具设计能以展品为中心，衬托和提高展品的形象；巧妙的陈设设计能使重点展品具有抢眼的审美效果，使受众容易看到重点；成功的照明设计能做到基础照明、局部照明和装饰照明的有机结合，重点突出，渲染气氛，从而达到设计的目的（图6-21）。

图 6-21　卡罗·斯卡帕 1955—1957 年设计的意大利卡诺瓦博物馆

第七章　设计批评的思维与意识

在具体的批评实践中，面对设计作品、设计现象和设计问题，我们应该怎样去思考呢？因此要具备设计批评的思维能力。设计批评的思维，它有着自身的特性与种类；同时，思维的过程往往聚集着各种意识的碰撞。要科学且有针对性地批评，必须要具备设计批评的意识。

第一节　设计批评思维的特性

设计创作是一个从无到有的过程，这一过程往往伴随着思维的火花闪现。虽然设计创作过程是无数设计师的亲身经历，但往往设计师并不在意设计思维的理论特质。相反，作为设计批评家，倒能在设计师的设计构思和设计实践中领略到设计思维的魅力，这也许就是设计批评家的批评思维吧。

一、思维

何为思维呢？生活中，我们在遇到矛盾和问题时总要想一想，然后才着手去解决，我们常说“眉头一皱计上心来”“遇事三思而后行”。想一想、皱眉头、三思，都是我们在处理矛盾和问题时必定有的思维活动。广义上讲，思维是主体在表象、概念的基础上对客体进行分析、综合、判断等认识活动的过程。它一般由思维的主体、思维的客体、思维的工具、思维的协调等四个方面组成。思维的主体是人；思维的客体就是思维的对象；思维的工具由概念和形象组成，或称之为思维材料；思维的协调是指在思维过程中，多种思维方式的整合，也就是说，在思维的过程中，有时单一的思维方式是不能解决问题的。

通常，人们按思维功能的不同主要将其分成两大类，一类是通常所说的逻辑思维，它是主体在认识过程中将反映事物共同属性和本质属性的概念作为基本思维形式，在概念的基础上进行判断，推理，从而能动地反映现实的一种思维方式。归纳和演绎、分析和综合、抽象和具体等，均是逻辑思维中常用的方法。另一类是通常所说的形象思维，它是一种从表象到意象的思维活动。所谓表象，是通过视觉、听觉、触觉等感觉、知觉，在头脑中形成对所感知的外界事物的印象。而通过有意识、有指向地对有关表象进行选择和重新排列组合的活动过程，从而产生能形成新质的渗透着理性内容的心象，则称意象。加拿大麦克马斯特大学的黎・布鲁克斯（Lee Brooks）教授证明，逻辑思维与形象思维是彼此分离的过程，逻辑思维和言语思维具有文字性、分析性、符号性、概括性、暂时性、理性、数字性、逻辑性、线性的特点，形象思维和视觉思维具有非文字性、综合性、形象性、类比性、永久性、非理性、空间性、直觉性、非线性的特点。

逻辑思维和形象思维作为思维的两种基本形态，虽然是彼此分离的，但它们往往能够共同地完成一个任务。对于这一点，无论是在科学研究领域，还是在艺术创作领域，都有很多例证。例如，爱因斯坦是一个具有极其深刻的逻辑思维能力的大师，但他却反对把逻辑方法视为唯一的科学方法，他十分善于发挥形象思维的自由创造力，他所构思的种种理想化实验就是运用形象思维的典型范例。再如，在广告创意过程中，前阶段的创意策略方向的确定，必须在市场调研的基础上根据目标受众特征和市场竞争状况严密分析得来，这是运用逻辑思维的结果；而后阶段的创意故事和创意表现的完成，则更多地依赖于思维的发散和形象思维的运作（图 7-1）。

图 7-1　德国大众汽车海报，1960 年

二、批评思维

如何理解批评思维呢？批评作为一种批判性活动，是主体对客体的一种评价行为；在评价过程中，主体必然会运用其思维对客体进行描述、解释和选择。因此，批评思维是思维在批评领域中的具体运用。

作为思维在某一领域的具体运用，批评思维既有一般思维的特点，又有着自身的特性。前者表现在批评思维集合了多种思维方式的特点：在批评活动中，既会运用到形象思维中的直觉与形象，也会运用到逻辑思维中的归纳与演绎；既有感性的参与，也离不开理性的推理，是感性与理性的融合。如对法国艺术家马塞尔·杜尚的艺术作品《泉》的评价，既需要我们直观感性地去把握，更需要我们理性地将它置身于当时当地的社会历史情景中；如此我们才会发现艺术作品《泉》在当代日常生活审美化趋势中的意义。后者表现在批评思维作为一种划界、选择行为，它在思考的过程中有着自身的步骤：那就是描述、解释和选择。它首先是描述，对批评的对象或现象本身的客观描述；其次，以此为基础，做出合乎情理的解释，从而在区分与比较中分辨出好的、较好的和最好的；最后，在区分与比较的同时，思维就已经做出了选择和评价。

三、设计批评思维

对于一件普通的设计作品，比如一盏保尔·汉宁森（Poul Henningesn）设计的 PH 系列吊灯如何评价（图 7-2）；对于一座大型的建筑物，比如中国国家大剧院如何评价；对于一些典型的设计问题，比如当前中国的设计教育问题如何评价……所有这些都需要我们运用设计批评的思维方法，如此对待具体的设计作品和问题，我们的批评才能做到透彻清晰、有说服力。

图 7-2　保罗·汉宁森 1958 年设计的 PH5 吊灯

理所当然，设计批评思维是批评思维在设计评价领域中的具体运用。所以它有着批评思维运作的一般步骤，表现为思考的三个站点：描述、解释和选择。通过描述，批评者对某一设计作品或设计现象有了一种感性直观，从而解决了批评的对象是什么的问题；以此为基础，批评者做出合乎情理的解释，从而在区分与比较中解决了为什么的问题；最后，在对设计作品或设计现象的原因阐释中，批评就已经做出了选择和评价，从而解决了怎么办的问题。此种意义上讲，设计批评思维同样是一种创造性的思维活动。设计理论家王受之在《中国设计教育批判》一文中对国内设计教育问题的批评[①]，就可以明显地感受到设计批评思维的这样三个步骤。在该文中，作者首先就国内 20 世纪 80 年代初开始的设计教育的现状进行了描述，在描述中他指出了中国当代设计教育的诸多问题，比如盲目扩招，过度膨胀，质量恶劣，教育管理制度僵化等等，他感慨："中国在近 10 多年来成为世界上最大的广告与包装污染大国、建筑与室内环境污染大国。为了争取更高的利润，在建筑、室内、环境设计，在包装和平面设计上滥用装饰、滥用昂贵材料的现象比比皆是。国内的大、中、小城市的建筑与城市环境已经沦陷为广告、招牌、招贴的海洋，中国的月饼、粽子超豪华的恶劣包装已经成为国际包装设计中最恶俗的典型。乃至于需要国家在法律与法规的层面上来限制规范广告与包装、建筑与室内环境的设计。一个有几十万人从事设计的国家，在浩瀚如山的包装设计中，居然看不到多少精彩的设计作品。此情此景，真是让人哭笑不得。"紧接着，作者在该文中分析了中国当代设计教育出现诸多问题的两点主要原因：一是受"教育产业化"政策的错误引导；一是受大一统教育体系的牵制。最后，在对问题的原因阐释中，作者提出了建设性的意见："一是从系统改起，不过目前看来希望不大；二是各个院校在自己力所能及的范围内进行不声张的试验，按照本校、本地区的实际情况对教学体系进行调整和改革，从适应于自己面对的就业市场入手，与本地的企业建立合作关系。只要大家同心协力，以办好中国设计教育为己任。我想，用这种'分片蚕食'的方式，最后改掉那个早已经不适合中国经济发展形式、不符合中国设计发展要求的大一统体系，还是有可能的。"

第二节　设计批评思维的类型

批评的过程始终运行着描述、解释、选择的思维步骤，但在这过程中，由于批评者侧重点和思考方法的差异，批评思维又可以区分为不同的类型。郑时龄在《建筑批评学》一书中将批评思维的基本类型划分为以下几种类型："就批评主体而言，有主观型的我向思维和客观型的受控思维；就批评的客体而言，有发散式思维和收敛式思维；就批评思维的性质而言，有论证型的思维、阐发型的思维和联想型的思维。"[②]建筑批评的思维类型是这

① 王受之著：《中国设计教育批判》，摘自杭间主编《设计史研究》，上海书画出版社，2007 年版。

② 郑时龄著：《建筑批评学》，中国建筑工业出版社，2001 年版，第 127 页。

样，设计批评的思维同样具备这个规律。这里我们分别从批评主体和批评客体的角度来论述设计批评思维的基本类型。

一、主观思维与客观思维

（一）主观思维

同样一部《红楼梦》，经学家从中看见《易》，道学家从中看见淫，才子从中看见缠绵，革命家从中看见排满，流言家从中看见宫闱秘事[①]；同是莎士比亚的《哈姆雷特》，一千个读者心中就有一千个哈姆雷特。这指明了受众评价行为中一个普遍的规律：同一作品，对于不同的批评者而言，会产生不同的体验和表达。何以如此？这涉及批评中主观思维的核心问题。主观思维是指受个人的经历、身份、地位、修养、学识、信仰等的影响所形成的思维，是带有明显的主观色彩的一种思维[②]。主观思维源于对主体的依赖，这种依赖性“既隐含着由于个人的局限性而具有一种可能的偏见和误解，一种主观的意识投射。……也是一种表达批评家的主体意识和个人风格的精神创造。”[③]

主观思维源于对批评者主体的依赖，而批评者主体由于受个人经历、身份、地位、修养、学识、信仰等的影响而各有差异。对于批评者主体的这种差异，我们可以从德国哲学家施普兰格尔（Eduard Spranger，1882—1963）对人的不同类型的划分中窥见一斑。按照施普兰格尔的观点，从文化价值来看，具有六种不同类型的人：理论型、经济型、审美型、社会型、政治型、宗教型等。理论型的人，其主要兴趣在哲学、数学、物理、化学等领域的抽象真理，这些理论家对于人的行为、对书籍和对知识本身感兴趣；经济型的人强调实效，对金钱、市场情况、房地产，以及生活水平、事业及其组织感兴趣；审美型的人对诗歌、建筑、音乐、舞蹈、现代绘画、雕塑、文学等感兴趣，他们尊重历史，重视美感和华丽的事物，感觉敏锐，强调和谐，善于设计，有自我为中心的倾向；社会型的人关心人的权利，有利他主义、热心福利和助人为乐的倾向；政治型的人对政府工作和行政领导感兴趣，善于言辞和组织群众意见，有一种强烈地影响他人的倾向，会利用权术；宗教型的人饱有信仰，热衷精神上的启示，虔诚，追求灵性，积极探求终极目标，渴求理解宇宙的整体意义[④]。不同类型的人，由于其追求的价值的差异，会导致他评价事物的立场的不同。当然，没有一个人完全属于某一种类型，一般而言都是混合型的；但是每个人必然

---

① 参见鲁迅著：《〈绛洞花主〉小引》，《鲁迅全集》第七卷，人民文学出版社，1957年版，第419页。

② 郑时龄著：《建筑批评学》，中国建筑工业出版社，2001年版，第127页。

③ 郑时龄著：《建筑批评学》，中国建筑工业出版社，2001年版，第127页。

④ 转引自［英］G・勃罗德彭特著：《建筑设计与人文科学》，张韦译，中国建筑工业出版社，1990年版，第16页。

有一种主导倾向。

可以说，绝大部分的批评无论自觉与否，都会表现出我向思维的主导地位，这既有一定的主观局限性，但是又是批评者主动性和创造性的基础，所以，主观思维必然具有主观性的一面。在主观思维中，主观的因素起着很大的作用。例如当代艺术家艾未未 2007 年 2 月在自己的博客上发表了《童话》草案，他将招募 1001 个中国人一同前往德国，参加该年 6 月举行的第十二届卡塞尔文献展。虽然大部分网友都对这个活动非常感兴趣，但也有一些人表示了怀疑和不解。面对各种质疑，艾未未回应说策划这样一次活动来源于他参加上届卡塞尔文献展的经历："应当说，我还算一个当代艺术经验比较丰富的人，但是在看了 1 个小时的展览后，就看不下去了。因为其中的内容不属于我们的日常情感系统，观众进入的语境，和日常生活没有关系。某种程度上，艺术具有催眠功能。在经历了这样一次旅行后，走出展馆，恍如隔世。"

（二）客观思维

面对一件艺术作品或设计作品，仅凭感性的认识是不够的。在造型和色彩的背后，也许蕴含着深刻的思想内容，甚至是一段历史。对此，法国史学家及文艺批评家丹纳在《艺术哲学》一书中以独特的哲学视角，探讨了一条欣赏品读艺术品的规律。作者在该书中以欧洲文艺复兴时期的意大利绘画、尼德兰绘画和古希腊的雕塑为例，以艺术发展史实为依据，强调了种族、环境、时代三个要素对精神文化的制约作用，并认为在三个因素中，种族是"内部动力"、环境是"外部压力"、时代是"后天动力"，从而力图证明他所提出的"种族、环境、时代三大原则"对艺术欣赏的普遍性[①]。丹纳提出的"种族、环境、时代"三要素说，正反映出作者在对艺术品的批评思考中对客观思维的运用。客观思维是指思维的意图、方式、对象等方面受到思维主体之外因素的制约、影响和控制的一种心理的和认知的活动[②]。批评必须围绕批评客体，而客体是一定的社会历史条件下的产物，因此批评必然带上时代和意识形态的烙印。设计批评围绕着设计现象和设计事件来进行，因此，就本质而言，设计批评必然是客观思维，是受到设计师、设计特性、时代精神和设计思潮等客体制约的思维。

20 世纪 40 年代末 50 年代初，在美国和一些欧洲国家开始出现了金属玻璃幕墙材料技术，一度成为设计批评的关注重点，同时在商业广告攻势下，在世界范围内逐渐广泛流行开来。当它的弊端（浪费能源、造型单调、造成光污染等）日益明显时，它又从 70 年代后期开始成为设计批评家抨击的对象（图 7-3）。例如 1977 年 2 月号的《建筑设

① 参见［法］丹纳著：《艺术哲学》，北京大学出版社，2004 年版。

② 郑时龄著：《建筑批评学》，中国建筑工业出版社，2001 年版，第 129 页。

计》中有一篇名为《镜面建筑物》的批评文章写道："这是美学同工业勾结起来反对房屋的使用者，因为他们的需要和要求全被忽视了……其战略是要为产品市场发掘在流行样式中的潜力。"①

图 7-3 勒·柯布西耶 1930 年设计的"光明之城"方案

2003 年 12 月 24 日开工建设的中国国家体育场，因为造型独特而被誉为"鸟巢"，受到举世瞩目（图 7-4）。在"鸟巢"方案被确定为 2008 年北京奥运会主体育场的设计方案后很长的时间内，它成了人们谈论的话题。

图 7-4 北京鸟巢体育馆

① 转引自：《外国近现代建筑史》，中国建筑工业出版社，1982 年版，第 260 页。

一些设计师认为“鸟巢”方案非常自然朴素地贴近体育的本初状态。而另外一些建筑师看到的是，一个开敞的透明的外壳，基本上不具备任何节能的措施。除去奥运期间，在冬天，它是一个在呼啸北风中的一个巨大的冰冷的钢铁建筑；夏天，钢结构吸收大量热量，使之成为一个巨大的火炉。内部服务空间须完全通过内部空调来调节，造成巨大的能源浪费。清华大学建筑设计方面的有关专家却认为，这个方案过分强调另类，却体现不出中国特有的文化韵味，很多人在看到这个方案时无法琢磨到其意义所在。建筑专家吴良镛在谈到中国标志性建筑采用洋设计时说：“看着这些方案，除了震撼你还有别的感觉吗？我不是反对标新立异，恰恰这是文化艺术最需要的。但是不能不讲究工程，不讲究结构，不讲究文化，不讲究造价。在我看来，中国的一些城市就这么成了外国一些建筑大师或准大师‘标新立异’的实验场。”

在客观思维中，可以引入现象学批评。这是法国现象学美学的代表人物杜夫海纳借用了现象学的方法与理论建立了审美经验现象学，并在此基础上形成了现象学批评。现象学强调“走向事情本身”，是一种回到作品本身的批评方式，这种批评以“现象的还原”和“本质的还原”为手段，是一种着眼于文本分析的“内在批评”，亦即是在客观思维作用下的批评。

（三）两者的关系

就设计批评而言，主观思维与客观思维都是不可或缺的。在设计批评行为中，主观思维从批评者的自我主体出发，在表达主观意愿的同时蕴含着个人风格的精神创造；客观思维从客观事实出发，在走向事情本身的过程中综合着多种因素的作用。可以说，成就一个健康的批评生态，批评者必须将主观思维与客观思维结合起来运用。对此，郑时龄强调这两种思维必定同时存在，所差异的是各自所具有的程度不同而已。他说：“批评与判断往往联系在一起，必然会搀有批评主体个人的选择和好恶、个人的学识和经历、个人的理想和期望在内。客观思维在许多情况下也许是借题发挥，借用某个题目去表达自己的观点，去表达深深蕴藏在批评主体的内在思想中的理想，这是由客观思维导引的批评。”①

二、发散性思维和收敛性思维

（一）发散性思维

看悉尼歌剧院（图 7-5），上部朵朵白色壳片，争先恐后地伸向天空，如海上的白帆、如洁净的贝壳、如群帆泊港、如白鹤惊飞……看朗香教堂，外观如合拢的双手、如浮水的鸭子、如一艘航空母舰、如一种修女的帽子、如攀肩而立的两个修士……这固然是形

① 郑时龄著：《建筑批评学》，中国建筑工业出版社，2001 年版，第 131 页。

图 7-5　约翰·伍重 1956—1973 年设计的悉尼歌剧院

式的魅力，却也是观者思维发散的结果。发散性思维亦称求异思维或辐射思维，是由美国心理学家吉尔福特作为与创造性有密切关系的重要思考方式而提出来的。它是不受现有知识或传统观念的局限，朝不同方向多角度、多层次去思考、探索的思维形式。发散性思维有流畅性、变通性、独特性三个不同层次的特征。流畅性即能在短时间内表达出较多的概念、想法，表现为发散的“数量”指标。变通性指的是发散的“类别”指标。独特性即能提出不同寻常的新观念，是“质量”指标。思维发散得越广泛，有价值的方案出现的概率就越大。在设计批评活动中，思维越发散，批评的角度就越多，批评的视野也越广。

例如在设计创作中，要设计一种便于携带的折叠用品，用发散性思维去探索折叠方式，多种折叠的方式就会出现压、组装、卷、伸缩、充气、扇形等，这些都可以起到折叠产品、便于携带的目的（图 7-6）。这样就出现多种解决问题的方案。

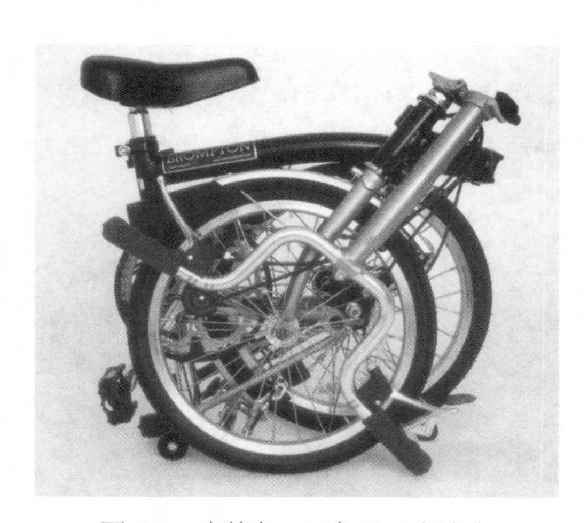

图 7-6　安德鲁·里奇 1983 年左右设计的“布朗普顿”折叠自行车

设计创作中的发散性思维一般表现在方案过程中，设计师沿着最初的构思，不断增加新的思想和内容。有些设计师会在构思时，为了一个目标，同时做出若干个具有完全不同方向的方案创意草图。然后再进行筛选，不停地思索，不断缩小范围，以最终确定方案的发展方向。莱马·贝利塔（1923—1993）是继阿尔瓦·阿尔托（1898—1976）之后最著名的芬兰建筑师，他在设计过程中，总是先用头脑思考出一个意象，然后画出创意草图，再发展出其他的构思。他曾说："过程草图能使我们深入了解到一堆'碎屑'是如何演变成一个建筑的，或者说那些毫不确定的'任何东西'是如何演变成一个建筑概念的。这些图案化的设计过程通常几乎不包含最终的建筑形式或特性，取而代之的是更为艺术化的信息。尽管这些草图不包括在逻辑及系列思维中限定的模式，这些草图本身都并非没有关系和没有道理的。好的草图就是一个多种含义的构思，它能使一个可行的比较方案得到适当促进。"①

设计批评需要批评家有丰富的想象力，去探讨设计所传达的信息的多样性。设计批评的发散性思维会受到批评家的想象能力和专业知识、艺术素养、技术素质等方面的制约。同时，设计批评必然会围绕与设计有关的作者——设计师及其社会、作品——设计物、读者——设计的使用者和社会公众、环境与社会——人类的生活世界等四个方面来运作，这样的一种特殊性使设计批评的发散性思维不可能是漫无边际的思维状态。

（二）收敛性思维

在设计创作中，设计师都会有这样的经历：从多种方案、设计草图中选择最优者，这就是思维按照设计创作的原则在进行选择。这种选择就是收敛性思维的表现。收敛性思维又称集中思维、求同思维或定向思维，它是以某一思考对象为中心，从不同角度、不同方面将思路指向该对象，寻求解决问题的最佳答案的思维形式。在设想或设计的实施阶段，这种思维形式常占主导地位。设计的创造性思维的过程，就是通过发散—集中—再发散—再集中这种多次反复的螺旋上升的创意过程，直到最佳方案诞生。批评的收敛性思维注重批评文本的内在联系，预先设立问题，做出假设，然后加以解决。

这里我们援引一个例子说明收敛性思维对问题解决所起的作用②。日本 GK 设计研究所的曾根真佐子曾经就"如何使厨房环境整齐"这一问题做过一次调查。调查报告显示，尽管各式各样的锅，就其个体设计而言都是十分优秀的，然而当它们搭配在一起时却很不协调，因此，当各种不同类型式样的锅遍布灶上、桌上、冰箱上时，整个厨房显得十分零乱。此外，也有不少人认为一些锅不够实用。为了使人们拥有整齐的厨房环境和更加实用的锅，在这次调查以后，日本的锅子设计师在设计时注意到以下几点：

① 转引自余人道著：《建筑绘画——绘图类型与方法图解》，中国建筑工业出版社，1999 年版，第 437 页。

② 转引自朱上上著：《设计思维与方法》，湖南大学出版社，2005 年版，第 31 页。

（1）设计具有最经济体积的锅。

（2）设计与烹调方式相一致的锅，尤其是用来蒸食物的锅不可缺少。

（3）所设计的锅除了具备使用方便的特点外，还要考虑造型与厨房的风格相一致。

（4）所设计的锅凹凸形状不宜过多，以便清洗。重视基本使用功能的锅将最受欢迎。

（5）设计时必须选择与烹调要求、菜肴特性相适应的材料及其厚度与形状。

（6）必须考虑设计具有足够牢度与正确构造的锅。

（7）应有效地减少锅被闲置时所占的空间。

根据这样的调查分析结果，日本设计师纷纷设计出了不同于以往的锅，这些创意得以形成的前提是对用户的需求运用收敛性思维进行概括分析，从而得出结论。

（三）两者的关系

美国心理学家吉尔福特认为，创造性思维有两种认知加工方式：一种是发散性认知加工方式，简称 DP；另一种是与它相反的收敛性认知加工方式，简称 CP。DP 的优势在于能够提出尽可能多的新设想，CP 的优势在于能够从中找出最好的解决方案。发散性思维可以使我们在极为广阔的空间里找寻解决问题的种种假设和方案，但是思维发散的结果也有不稳定性，因为各种构思方案有合理的，也有不合理的；有正确的，也有荒谬的。所以，思维发散之后需要集中，需要收敛，从而选择最佳解决问题的方案（图 7–7）。

由此可以看出，发散性思维与收敛性思维两者之间密切相关：发散性思维为收敛性思维探索方向和提供思路，收敛性思维是发散性思维的出发点和归宿。在设计批评中，由于不同的批评对象和不同的批评模式，也可以分别采用不同的批评思维来进行。例如对于设计的象征意义，对于这种象征所表现出来的歧义和复合意义，就需要采用发散性思维的批评方式，发挥充分的想象力。而对于历史设计作品或者历史上的设计师的批评，就需要进行大量历史的考证和研究工作，对已有的材料进行深入细致的分析研究，把握它们的特性，然后在概括归纳特性中整理出事物的内在本质和规律，这就需要收敛性思维发挥作用。

图 7–7 赫伦 1989 年设计的『想象力』公司办公大楼

第三节　设计批评意识的建构

任何批评都是一种理解和认同，在理解和认同中往往聚集着批评者各种意识的碰撞、交流和生成。正如比利时批评家，日内瓦学派的代表人物乔治·布莱（Georges Poulet）在《批评意识》一书中所说的："批评是一种思想行为的模仿性重复。它不依赖于一种心血来潮的冲动。在自我的内心深处重新开始一位作家或一位哲学家的我思，就是重新发现他的感觉和思维的方式，看一看这种方式如何产生、如何形成、碰到何种障碍；就是重新发现一个从自我意识开始而组织起来的生命所具有的意义。"①

设计批评意识是设计批评的前提，是批评者自觉地用批评的观点对待设计师的作品的那种意识，是理性地思考和分析作品的那种意识，批评者在批评中自觉进行批评者、设计师和消费者之间角色的转换，在批评中进行再创造。设计批评意识贯穿于设计活动的整个过程中，不仅对业已存在的设计物进行批评，而且设计的酝酿过程、创作过程、方案比选过程、制作过程以及欣赏设计的过程等，都需要批评的介入。因此，批评意识的建构，不论是对设计创作还是对设计评论，都至关重要。下面，我们谈谈设计批评意识的建构问题。

一、功能意识

墨子曰："作为衣服带履，便于身，不以为辟怪也。"（《墨子·辞过》）就是说制作衣服、腰带、鞋，是便于保护身体，不是为了装束奇怪。墨子从功用的角度朴素地指出了衣服带履保护身体的基本功能。

亚里士多德曾经指出："我们在描述一种物体时，不仅可以用该物体的形状和材料来说明，也可以用它的功能来说明。"②

功能意识指的是人对生存的需要，是人类需要中最基本、最强烈、最原始、最显著的一种需要。所谓"衣被天下""民以食为天"等，构成了人们对衣食住行的基本需要。产品功能如何满足人们的基本需要，是设计的基本任务。可以说，功能是设计得以存在的根本依据。从根本上说，功能意识就是目标意识，是设计得以存在的本源。功能性是设计批

① ［比利时］乔治·布莱著：《批评意识》，郭宏安译，百花洲文艺出版社，1993年版，第280页。

② Aristotle：De Anima，见 William J. Mitchell：The Logic of Architecture，Design，Compulation，and Cognition，The MIT Press，1990：183.

评的主体性原则之一。无论是设计师、社会学家，或是行为学家，无论是古代或是现代，人们对设计的要求有很大的一致性，而这种一致性的基础就是功能。以船为例子，格林诺夫在《形式与功能》中说："看一看海上航行的船吧！注意破浪前进的船体高贵的形式，看看船体那优美的曲线，从弧面到平面柔和的过渡，它的龙骨紧紧箍住，它的桡浆高起高落，它的桅樯和索具匀称而且编织成透空的图案，再看看那强大的风帆！这是仅次于一个动物的有机体，像马那样驯顺，像鹿那样迅疾，载着一千匹骆驼才能驮得动的货物从南极航行到北极。是哪一座设计学院，哪一项鉴美研究，哪一件对希腊的模仿，能制造出这样的结构奇迹。"①那些龙骨、桡浆、桅樯、索具和风帆，它们的出现完全是功能的需要，不像船头的雕塑和彩绘是为了装饰。

图 7–8　米斯·凡德罗 1929 年设计的巴塞罗那椅

设计师能否得心应手并娴熟地驾驭技术、材料、结构和形式，是能否实现功能的关键。设计是一连串的信息处理、选择、决策和调整的过程，在这个复杂的决策过程中，每一项选择都有可能是平衡和妥协，但如果每一个调整都指向该设计的目标，那就是我们所说的功能意识。对于设计批评而言，是否始终认清设计的目标，是否关注设计的目标，就是我们所说的批评中的功能意识（图 7–8）。

二、审美意识

纵观美学史，在相当长的一段时间内，美学研究的重点是放在纯粹艺术方面，像绘画、音乐、文学、戏剧、雕刻等等，而忽略了人类生活本身。其实，人类生活中衣、食、住、行、用等也同样需要进行美学上的研究。新时期以来，对器物设计开始进行美学观照，这无疑使美学的研究视野拓宽了，也让形而上的美学观念走向了日常生活世界。日常生活中确实蕴含着美，关键是如何来发现，池田大作说："在平凡的生活中仍能发现新鲜的感动和喜悦的人，可以说是使自己生活得富有创造性。我希望从风中颤动的一片树叶上

① 转引自杭间著：《手艺的思想》，山东画报出版社，2001 年版，第 198 页。

也能听到光线的脉搏的跳动；我希望能培养出一颗在路旁开放的无名的野花上也能发现美的心灵。”[①]理查德·舒斯特曼也指出审美和艺术的新丛林是蓬勃发展的通俗艺术和与身体、生活相关的艺术。[②]审美经验的价值和快乐需要整合到我们的日常生活中去。新世纪的审美和艺术将直接关乎我们自己，我们的身体，我们的生活。器物美学或称设计美学，从某种意义上说就是生活的美学。这种美学消解了生活与艺术之间的距离，“亦即生活审美化和审美生活化”[③]，这也是当代社会与文化的一个突出变化。西方学者维尔什（Wolfgang　welsch）在《审美化过程：现象，区分与前景》一文中指出：“近来我们无疑在经历着一种美学的膨胀。它从个体的风格化、城市的设计与组织，扩展到理论领域。越来越多的现实因素正笼罩在审美之中。作为一个整体的现实逐渐被看作是一种审美的建构物。”[④]的确，当代日常生活中的衣、食、住、行、用等现实因素正“笼罩在审美之中”。

中国古代先民就懂得把石头、兽骨等磨光连成一串，作为串饰，来装饰自己。这表明了原始人的审美意识获得了前所未有的发展。造物活动中的装饰之美有着自己的目的与功能。正如英国学者大卫·布莱特所说，“通过装饰，建筑、物品和人工制品更为显眼，更具有完整感，也更容易让人们凝神定视，从而使它们臻于完美；通过装饰，建筑、物品和人工制品可以转化为我们各种尝试和观念的符号与象征，完备其社会功能；通过装饰，建筑、物品和人工制品能够吸引我们视线的停留和双手的触摸，完备其愉悦功能；通过装饰，建筑、物品和人工制品将令人难以忘怀，完备其思维功能。总而言之，装饰，在完整我们这个世界的同时，也使生活在这个世界中的人（我们自己）充实完整起来。”[⑤]人类从装饰自身中获得了丰富的审美经验，然后把它运用到器物的装饰之中，从原始彩陶、青铜器、漆器、玉器、瓷器、家具到现代产品设计，从古至今从未中断，从而不断地丰富、充实了我们的生活。由此看来，人类对设计的审美意识与审美经验，就是在造物、装饰和设计活动中产生、发展起来的，荣久庵宪司认为这是不断“超越形而下的功能，在生活中处处存在追求美的精神”[⑥]。古代器物的审美意识主要体现在造型、色彩与装饰等方面。

当今许多设计师和制造企业都已经高度自觉地为提高自己设计、制造产品的审美水平

---

① 转引自邹元江著：《行走在审美与艺术之途》，山东友谊出版社，2008年版，第157页。

② 参阅【美】理查德·舒斯特曼著：《实用主义美学——生活之美，艺术之思》，彭锋译，商务印书馆，2002年版。

③ 彭富春著：《哲学与美学问题》，武汉大学出版社，2005年版，第37页。

④ 参见《中国教育报·读书周刊》，2001年12月20日。

⑤【英】大卫·布莱特著：《装饰新思维——视觉艺术中的愉悦和意识形态》，王春辰译，江苏美术出版社，2006年版，第336页。

⑥【日】荣久庵宪司等著：《不断扩展的设计》，杨向东等译，湖南科技出版社，2004年版，第93页。

做出努力（图 7–9）。譬如说，日本 Sony 公司拟定的产品设计和开发八大原则中，就有这样两条原则：产品设计美观大方，产品对于社会环境具有和谐一致和美化作用。俄裔设计师和评论家米歇·布莱克曾于 1962 年写道：一个工业设计师的职责是设计有用且令人愉快的物品……至少能够使它们表现出富有生机、朝气蓬勃的社会面貌，而不是空洞地反映低级平庸的社会现象。[①]

图 7–9 沃尔特·格罗佩斯 1969 年设计的『泰克 01』茶具

三、社会意识

与艺术的自律性不同，设计是他律的。表面上看设计行为是设计师个人的创作活动，但实质上设计受市场、文化、时尚、资源等诸多社会因素的影响和制约，设计更是社会性的活动。可以说社会是设计的环境、背景和土壤，而设计是社会的设计。在“现代”的意义上解读设计，与之相对应的是工业化、机械化、批量化生产制造和大众消费的现代社会环境；在“后现代”的意义上理解设计，与之相关联的是信息化、网络化、文化多元化发展的社会环境。

社会，在汉语中本意是指人与人之间相互联系而结成的组织，可以理解为由于共同物质条件和物质生产活动而联系起来的人们的总体，那么相对而言，设计就是人们以设计产品的生产与消费为纽带而建立的一种特殊联系的活动。人们的日常生活少不了对物的消费和使用，所以设计是社会的一种普遍性和日常性现象。设计既能够为社会、为人们创造出各种实用的物品，也能够对社会的经济发展起到举足轻重的作用，如在中国制造向中国创造的转型中，中国政府制订了《中国制造 2025》计划，突出强调了工业设计在其中的重

① 参见［英］彼得·多默著：《1945 年以来的设计》，梁梅译，四川人民出版社，1998 年版，第 261 页。

要作用。同时，设计还能够通过美的物品和美的环境美化人们的心灵，协调社会中人与人的关系，促进人们建立平等友好和谐的关系，强化人和社会之间的联系。美国设计史学家菲利普·梅格斯曾经以平面设计为例强调："从来没有比现在更清楚且有创造性的视觉传达，使群众与他们的文化、经济和社会生活联系。"[①]日本设计师内田繁曾提到，今天的时代正从"物质"的时代向"关系（心）"的时代转变，他指出关系时代的特征是：地域社会的复兴，与自然的协合，个性的尊重，家庭和共同体再认识，多样化和关系的连锁，解释与认识的重视，故事传说的再兴。提出理论的依据是：信息化的理论，生命的理论、自然的理论，关系与创造。同时他认为今后的设计将更加重视看不见的东西，重视关系的再发现，方法的追忆和内心的反响，将趋向综合性的设计方法。从内田繁的理论中我们可以清晰地看到，设计是为"人"设计，为社会服务，设计注重人与人、人与自然、人与社会之间关系的协同与交流（图 7-10）。

设计史上关于设计批评的社会意识的建构，勒·柯布西耶设计的马赛公寓是一个典型案例。该设计曾引起过激烈的争论，不同的批评意见几乎针锋相对，这是个住有 337 户共 1600 人的"居住单位"，体现出勒·柯布西埃"住宅是居住的机器"的建筑思想。法国记者米·拉贡是该公寓住户，又是懂建筑的行家，他写了一本谈论该公寓的书《论现代建筑》，收集了当时对公寓的不同评论，同时也表达了他自己的立场。书中的肯定意见有：安排得很好的机械化；减少城市运输流量；提高交通速度；保护行人和防治噪声等。对它的否定意见有：造成居民"悲剧性的孤独"；居民很快就会发疯；不适于实际生活；建成了供富人居住的街区，等等。这些评价更多的是从社会意识出发，反映社会要素，即人作为社会的个体对归属和尊重的需要，在前两者需要满足后，社会需要开始成为强烈的动机，这时人希望得到别人的支持、理解和安慰；希望进行人与人之间的社会交往，保持友谊、忠诚、信任和互爱。

图 7-10　娜娜·迪索尔 1959 年设计的悬挂柳条椅

① ［美］梅格斯著：《二十世纪视觉传达设计史》，湖北美术出版社，1989 年版，第 262 页。

四、环境意识

环境因素在当下乃至未来的社会发展中，会成为影响设计发展的越来越重要的因素。设计表现为人、物与环境的某种关系，和谐的设计是三者之间的完美统一。但在当下的社会发展逻辑中，社会发展（包括设计的发展）往往是以牺牲环境为代价的。从世界范围看，西方世界开拓的传统工业化道路，是以“人类统治自然”“人类征服自然”为指导思想的，它的目标是为了满足人们对舒适生活的渴求，它的方法是为所欲为地向大自然贪婪索取。人类对自然资源的掠夺式开发，使得地球环境日益恶化。人类只有一个地球，保护环境，也就是保护我们人类自己。所以，长期以来设计师们围绕生态保护和可持续发展进行了种种探索，这些设计探索成为 20 世纪 80 年代以来乃至当今的设计主流，环境保护意识成为设计批评意识中不可缺少的一环。环境保护意识重视生态设计、循环设计、组合设计等设计理念和方法。

生态设计，也称绿色设计，是从生态学的视角出发，要求把传统的生产模式改为“生态化”的生产模式，即形成由原料—产品—剩余物—产品的循环，逐步实现产品设计的生态化过程。循环设计，又称回收设计，是从再利用的视角出发，旨在通过设计来节约能源和原材料，减少对环境的污染，使人类的设计物能多次反复利用，形成产品设计和使用的良性循环（图 7-11）。组合设计，又称模块化设计，是将产品统一功能的单元，设计成具有不同用途或不同性能的可以互换选用的模块式组件，在更好地满足用户需要的同时，达到节约材料和能源，减少环境污染，实现产品的循环利用的目的。设计的环境意识所要解决的根本问题，就是如何减轻由于人类的消费而给环境增加的生态负荷。由此形成了三个“RE”原则——Reduce（减少）、Reuse（回收）、

图 7-11　米歇尔·德·卢基 1997 年设计的特雷弗谢特桌灯

Recycling（再生），即“少量化、再利用、资源再生”的“物尽其能三原则”。产品从概念形成到生产制造、使用乃至废弃后的回收、重用及处理处置的各个阶段，都在环境意识的视野之内。比如可食性餐具的设计，就是针对产品包装造成的污染，设计师在包装设计上贯彻生态设计思想而做出的有益的探索。它一次性用后可吃下去或用作肥料、牲畜饲料或燃料，大大改变了传统包装设计缺乏环境保护意识的弊端。

五、伦理意识

毫无疑问，我们今天生活在一个被设计了的世界之中。对设计物的拥有和消耗，某种程度上成为现代人显现存在意义的载体，正所谓“我消费，故我在”。一方面，现代物体系为人们的生活带来了极大的便利和享受；另一方面，人们不自觉地逐渐走向了一个自我的“物化”状态，在移动互联网时代，“低头族”的出现就是最直观的说明。物的这种“影响”或是正面的，如美的产品对美的因子的培养，比如透过日本的设计，我们往往能享受到一种简朴的美，一种“禅”的境界（图 7-12）；或是负面的，如丑陋粗糙的产品对视觉的污染，正如著名广告人许舜英在《创意之道》中所说：“那些做烂广告的人应该要对全民族的美学及品味负责任，因为广告所形成的环境已经成为 McLuhan 所说的‘没有围墙的教室’”。这里，设计批评的伦理意识的价值就凸显出来了。

图 7-12　森英惠在 1988-1989 年巴黎秋冬时装展上展出的高级女子时装斗篷裙

设计批评的伦理意识是一种综合的意识，它基于物的创造，是对人与人、人与环境、人与社会关系的反思，它蕴含在设计批评的功能意识、审美意识、社会意识、环境意识中，并与它们紧密结合在一起。最早提出设计的伦理性的是美国的设计理论家维克多·帕帕奈克。他在《为真实的世界设计》的著作中，明确地提出了设计的服务对象是社会大众，设计不但要为健康人服务，同时还必须考虑为残疾人服务，尤其要考虑长远利益为保护我们居住的地球的有限资源服务。从这些问题上来看，帕帕奈克的观点明确了设计的伦理性在设计中的积极作用。从当代设计实践的发展来看，设计的伦理性要求变得非常重要和迫切，比如如何使设计具有伦理价值，设计要关注贫困人口、儿童、残疾人、老人等弱势群体，增加更多的人文关怀（图 7-13）；比如设计要直面社会的老龄化现象，探索和实现生活方式的优化；比如设计要适应“非物质化”设计趋势，重视人与人之间的情感交流等。

图 7-13　萨帕与扎努索 20 世纪 50 年代设计的全塑料叠落式儿童用椅

第八章　设计批评的标准

批评是否要秉持某种标准或尺度呢？任何批评活动都是批评者基于一定的尺度对批评对象的审视和评判。设计批评活动同样如此，是设计批评者基于某一尺度对以设计作品为中心的一切设计现象的分析和评价。所以，在任何一项设计批评活动中，批评的尺度也即批评的标准是不可或缺的也是至关重要的。

第一节　设计批评标准的历时性

批评标准是指人们在设计批评活动中对设计作品提出的要求与准则，社会历史条件不同，时代的审美理想不同，设计发展的水平不同，设计批评标准也就产生相应的变化。每一时代、每一时期的设计艺术都有与其相适应的批评标准，随着社会实践诸多条件的发展变化，批评标准也会发生变化。所以，设计批评标准有历时性特征。

任何批评都会有多元标准，不可能完全统一，而且批评标准会随着社会历史条件的变化而变化。设计批评也不例外。设计批评标准也没有固定不变的，当社会整体新的需求产生时，人们对设计的认识也在发生变化，以往的批评标准在某些方面就会出现与设计实践的脱节，从而导致标准的迷失，进而需要从实践中总结出新的批评标准来指导和服务设计实践。这一点为世界各国的设计历史所证明。

以西方现代设计史为例。西方现代设计诞生的真正动力源于工业革命的发生和机器时代的到来，这是现代设计与传统设计最重要的分水岭。在工业革命之前的手工艺设计阶段，由于受生活方式和生产力水平的局限，设计的产品大都是功能简单的生活用品，其生产方式主要依靠手工劳动；而且生产者和制作者往往是同一个人，生产者可以有自由发挥的余地，因而生产出的产品具有丰富的个性和特征，装饰成了体现设计风格和提高产品身价的重要手段。另一方面，由于设计、生产、销售一体化，使设计者和消费者彼此非常了解，这就在设计者和使用者之间建立了一种信任感，使设计者有一种对产品和使用者负责的责任心，其生产出的产品就有着很浓的人情味[①]。从这两方面看，装饰美观和人情味是手工艺阶段产品设计的固有特征，也是手工艺阶段对产品设计优良与否最重要的评价标准。但随着工业革命的发生和机器时代的到来，设计的社会环境和物质条件都发生了巨大的变革，以往的手工制作被机器大生产取代，标准化、批量化、效率化成为新时代对设计的要求。显然在这样一个时代变革期，手工艺阶段的设计评价标准已不能适应机器大生产的发展逻辑，时代在呼唤新的设计批评标准的诞生。也正是在这个工业革命发生的初期，西方工业国家普遍存在着设计实践的混乱：一方面抛弃了手工艺设计中的优良传统，另一方面迷失于机器生产的批量化喜悦中，从而使生产出的产品粗制滥造，毫无美感。如何面对新的设计环境，如何走出工业革命初期的迷失状态，这成为摆在现代设计先驱们眼前的首要任务。探索之路，批评的声音首先从英国的拉斯金、莫里斯等开始。

拉斯金、莫里斯等设计先驱有感于工业革命初期工业产品的粗制滥造，他们倡导艺术与技术、实用与审美的结合，他们认为产品缺少美观是源于机器生产；因而他们反对机器，主张艺术家参与生产，并向中世纪的手工艺学习，以弥补机器生产的不足。拉斯金对1851年“水晶宫”博览会的批评就在很大程度上影响了当时英美公众的趣味，并直接引发了莫里斯领导的英国艺术与手工艺运动。从艺术与手工艺运动到新艺术运动、装饰艺术运动，再到影响遍及世界各国的包豪斯，现代设计的先驱们，一直处于对现代设计的探索中，现代设计的批评标准到包豪斯才真正建立起来。包豪斯提倡设计中艺术与技术的新统一，倡导设计的目的是人而不是产品等人本主义设计思想，成为现代主义设计的典范。至此，现代设计的批评标准才在长时期的迷失与探索中，逐步建立起来（图8–1）。

图8–1 位于荷兰的施罗德房屋 1924年

① 何人可主编：《工业设计史》，北京理工大学出版社，2000年版，第7页。

当包豪斯的设计理念在20世纪30年代从德国传播到美国，并通过美国的商业主义而影响全球时，现代主义设计在世界各国风靡一时，形成国际主义设计潮流。国际主义设计风格成为二战后世界设计的主导风格。但是另一方面，到了60年代末、70年代初，世界的大都会几乎都变得一模一样，设计探索多元化的努力消失了，被追求单一化的国际主义设计取代。所有的商业中心都是玻璃幕墙、立体主义和减少主义的高楼大厦，简单而单调的平面设计、缺乏人情味道的家具和工业用品，原来变化多端、多种多样的各国设计风格被单一的国际主义风格取而代之，不但使用者的心理功能需求被漠视，就连简单的功能需求也没有得到满足。战后成立起来的青年一代开始对现代主义、国际主义设计逐渐产生不满情绪。这种普遍的不满情绪，是国际主义设计逐渐式微的原因。正因为如此，设计理论界开始了对现代主义、国际主义设计的批评与反思。如文丘里在《建筑中的复杂性与矛盾性》一文中对现代主义设计千篇一律面孔的批判；詹克斯在建筑领域区分“现代”和“后现代”，从而提出后现代主义建筑设计；以及帕帕奈克对设计伦理的强调等等。正是在他们对现代主义设计的批判与解构中，设计批评的标准再次从迷失中走向重构，并在不断的重构中推动着设计实践的发展（图8–2，图8–3）。

图8–2　埃特里·索特萨斯1983年设计的港湾桌灯

图8–3　加塔诺·佩斯1969年设计的“向上”系列家具

设计批评标准的历时性，决定了批评标准的相对性和变动性；我们不能以昨天的批评标准来评价今天的设计实践，也不能以今天的批评标准去歪曲昨天的设计成就。但是，在任何时代，不论社会怎样发展，人类对真、善、美的追求，对人性化设计的努力却是始终不渝的。我们探讨了设计批评标准的历时性特征，也正是为了设计批评标准的建构。

第二节　设计批评标准的建构

设计批评是有标准的，而且设计批评的标准具有历时性特征，它会随着社会的发展、时间和空间的转换而发生改变。但是，在设计批评标准的评价体系中始终包含着三个最根本的标准：那就是真、善、美。

一、真——合规律性

真，即合规律性。无论何种设计，都要符合特定的设计规律。

以标志设计为例，标志设计是一种独具符号艺术特征的图形设计艺术，它通过艺术提炼和加工，把来源于自然、社会以及人们观念中认同的事物形态、符号（包括文字）、色彩等转换为具有完整艺术性的图形符号，从而区别于装饰艺术和其他艺术设计。“标志作为一种符号表现形式，是一种具象的抽象……”[①]它虽然有时会直接利用到现成的文字符号，但却又完全不同于文字符号。标志是以图形形式体现的，所以现成的文字符号也须经图形化改造才能更具形象性、艺术性和共识性。这与其他造型艺术通过细节的刻画与追求来获得感人的艺术效果是迥然不同的（图 8-4）。

图 8-4　约翰·麦康奈尔 20 世纪 60 年代设计的碧芭标志

此外，标志设计对事物共性特征的表现和抽象也不是大而化之和千篇一律的，它同时也应当具有差异性。在符合形式规律的基础上，不同的设计可以而且必须各具个性形态美，从而各具艺术魅力。标志有的时候是单独使用的，但更多的时候则

① 李巍等《标志设计》，西南师范大学出版社，1996 年版，第 2 页。

是用于各种文件、宣传品、广告、影像等视觉传播物之中。好的标志在任何视觉传播物中，不论放得多大或缩得多小，都能显现出自身独立的完整的符号美。

在设计批评中，设计中的“真”不仅体现在具体的设计实践上（诸如造型规律、色彩规律以及人机工程学等的考虑等），同时也体现为设计所蕴涵的价值趋向、美学追求和设计主张等。设计的价值趋向、美学追求和设计主张等也必须顺应时代发展的规律和要求。

以现代主义设计为例，无论是现代主义设计的形式还是内容都是与现代工业社会大机器批量生产的标准化、机械化、技术化的发展趋势符合的，从而成为大机器生产的必然和最佳选择。正是在此基础上，才诞生了现代主义设计，如荷兰“风格派”、俄国构成主义以及包豪斯。荷兰“风格派”提倡严格理性的审美观，它以几何学为造型基础，以抽象为原则，拒绝写实的东西。其理论内涵就是在绘画上把立体主义推向抽象，认为应该消除艺术与自然的任何联系，只有最小的视觉元素和原色才是真正表达宇宙奥妙的词汇。蒙德里安认为红、黄、蓝三种颜色“是实际存在的仅有颜色”，水平线和垂直线“使地球上所有的东西成型”，所以在他的作品中，色彩仅有红、黄、蓝三原色和无彩色系的黑、白、灰，造型上仅利用水平线和垂直线。这种造型观念很快扩展到家具、室内设计和建筑上去，对现代设计的发展和机器美学的形成起到了促进作用（图 8-5）。俄国构成主义的设计师不仅着迷于机械的严谨结构方式，而且还努力寻求与工业化时代相适应的艺术和设计语言（图 8-6）。从荷兰“风格派”和俄国构成主义设计中，我们可以

图 8-5　特奥·凡·杜斯堡 1917 年为风格派设计的海报

图 8-6　埃尔·利西斯基 1922 年左右设计的构成主义作品

看到，技术和艺术已经达到了有机的结合，而包豪斯则开创了现代设计教育体系的先河，为现代主义设计的发扬光大发挥了重要作用（图8–7）。正是在此基础上现代主义设计成为20世纪上半叶最为稳定、最具影响力的设计风格，以至于在后期演变成具有世界影响的国际主义风格。从现代主义设计的发展历程中，我们可以看出，任何设计都必须遵循特定的设计潮流和设计规律。艺术与手工艺运动以及新艺术运动所生发的设计主张之所以没有获得预期发展，很大程度上就在于它们逆时代潮流，追求手工生产，反对机器化、工业化，从而很快消逝于历史的地平线。

图8–7　纳吉1923年设计的包豪斯展览海报

后现代主义的兴起与发展，同样也是设计“合规律性”的体现。后现代主义在风格上反对形式的单一化，主张设计形式多样化，这与现代主义以及工业社会标准化、批量化、技术化的原则背道而驰。在设计理念上，后现代主义反对理性主义，关注人性，出现了很多人性化的设计。“现代主义强调功能——结构的合理性与逻辑性，强调理性主义，而后现代主义设计与后工业社会、非物质社会的发展相一致，倾向于戏谑、幽默和特定的意味，注重人文关怀。”[①]在此，功能已不再被视为产品设计的第一要素。后现代主义设计创造性地大量运用各种形式符号语言，在注重设计的实际功能定位和人们的生理、心理以及社会历史的文化传承的基础上，对产品进行解构、组合和调整，创造了许多丰富、复杂、多元的产品形态。此外，后现代主义也关注设计与环境的关系，认识到设计的目标与社会的可持续发展紧密联系在一起。在后现代主义设计中，设计的人性化、幽默化和自由化的表达，是与产品的使用环境和人类的生存环境息息相关的（图8–8，图8–9）。

① 詹和平著：《后现代主义设计》，江苏美术出版社，2001年版，第65页。

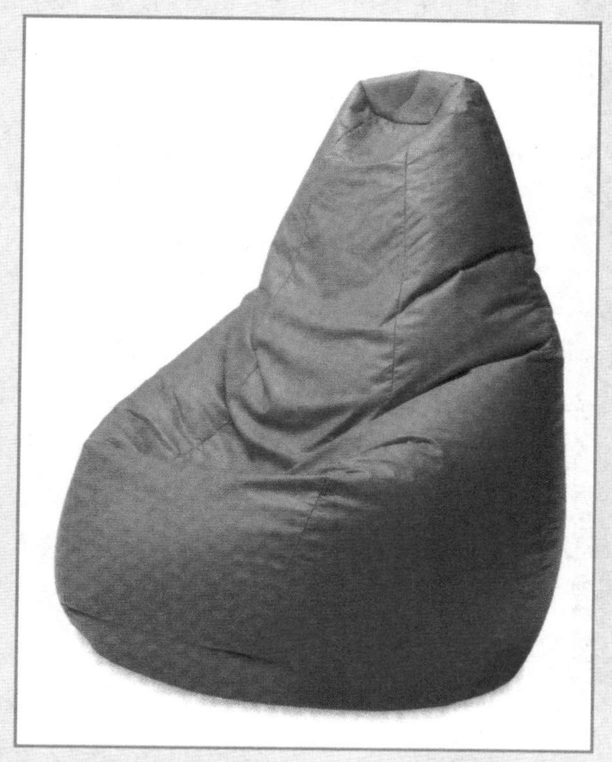

图 8-8　伽提、保利尼、德奥多罗 1969 年设计的“豆袋椅”

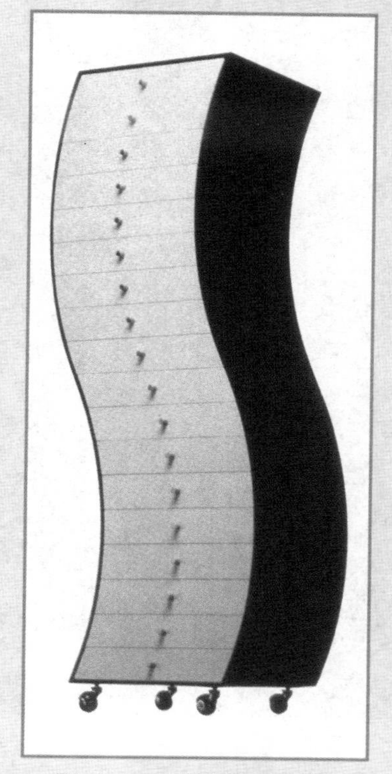

图 8-9　仓俣史朗 1970 年代设计的斗柜

二、善——合目的性

设计是以人为目的的，设计要为人服务，要为人们创造美好生活，因此，设计批评中很重要的一个因素就是设计的合目的性。这就涉及了设计的功能问题。

设计对于功能的强调是设计有别于纯艺术的根本所在。以视觉传达设计为例，视觉传达设计的功能必须明确，决不能为了设计形式的美感而造成误解，必须要方便阅读、认识、理解和识记。同时，设计为了达到视觉传达的功能，在形式上也必须具有“流畅感”，这要求所有平面设计的要素必须为主题服务，合乎视觉传达、信息传达的逻辑规律，绝对不允许为了形式美感而牺牲传达逻辑的情况发生。而形式服从功能。正是在功能的要求下，形式才必须是工整的、有序的、清晰的和条理清楚的。我们看到索尔·巴斯的平面设计风格，他在平面设计中注重突出单个的主题形象，在营造强烈的视觉冲击效果的同时，尽量使形式简化，充分实现了视觉传达设计对于功能的要求。设计作品在满足了一定的实用功能的同时，也要具有一定的象征性和寓意，从而引起人们的兴趣（图 8-10）。

图 8-10　马丁·夏普 1967 年设计的"鼓手先生"招贴

此外，它还要有展示和教育的功能。设计并非个人情感的随意发挥，它是需要受到规范和约束的。而在这个规范中，由"善"所规定的功能便占据了十分重要的位置。

在现代设计批评中，无疑是现代主义设计对于功能最为强调。尽管艺术与手工艺运动并不是真正意义上的现代设计运动，它所推崇的是复兴手工艺，反对大工业生产，但是它提出的"美与技术相结合"，艺术必须是"为人民创造，又为人民服务，对于创造者和使用者来说都是一种乐趣"的理念，却又正是现代设计的思想主旨和内涵所在。

设计和建造可持续的建筑已逐渐成为当今建筑界的一个重要潮流。建筑历史的进程在一定程度上也是人类为改善生存条件对自然进行持续不断的改造的过程。"绿色设计起自于旨在保存自然资源、防止工业污染破坏生态平衡的一场运动，虽然它迄今仍处于萌芽阶段，但却已成为一种极其重要的新趋向。"①现代科学技术与现代工业的发展为这种改造提供了丰富的信息和手段，使人类可以建造完全独立于自然系统之外，不受自然规律干扰的舒适的建筑内部环境。但人工化的舒适通常依赖于空调、照明和通风等高能耗设施，且舒适性的提高又往往以能耗的增加为前提，这种发展模式带来了当前全球性的环境和能源危机：大量的废气排放、温室效应、气候变异、资源枯竭，进而威胁到人类自身的生存与安全。随着全球经济的持续发展、发展中国家的快速城市化进程、城市居民生活水平的不断上升以及对室内舒适度的更高要求，建筑所消耗的能量占全社会能源消费量的比重还将继续保持上升态势。每年由于新建和改建建筑，消耗大量林木、砖石和矿物材料，消耗大量能源，带来土地的侵蚀、植被的退化、物种的减少和自然环境的恶化。同时建设中还存在土地资源利用率低、水污染严重、建筑耗材高等问题。如何处理人与自然的关系，实现可持续发展，这是目前人类所面对的巨大挑战。正是由于这样的原因，进行可持续设计探索的建筑事务所才越来越多，而且以往的著名建筑师和事务所也纷纷向可持续设

① 尹定邦著：《设计学概论》，湖南科学技术出版社，2003 年版，第 51 页。

计方向转型，如福斯特、霍普金斯、罗杰斯事务所等。可持续设计的理念越来越受到关注，同时也出现了很多著名的具有明显可持续设计风格特征的建筑设计作品。

绿色设计是借助产品生命周期中与之相关的各类信息（技术信息、环境协调性信息、经济信息），坚持先进的设计理念，使设计出的产品具有先进的技术性、良好的环境协调性以及合理的经济性的一种系统设计方法。技术先进性是绿色设计的前提。绿色设计强调在产品生命周期中采用先进的技术，从技术上保证安全、可靠、经济地实现产品的各项功能和性能，保证产品生命周期全过程具有很好的环境协调性。同时，绿色设计还强调在产品生命周期的各个阶段采用先进的绿色技术，从而使所设计的产品具有节能降耗、保护环境和人体健康等特性。绿色设计必须遵守的原则包括资源最佳利用原则、能量最佳利用原则、污染极小化原则、安全宜人性原则、综合效益最佳原则等。

当代设计正在朝着技术先进、生产可行、经济合理、款式美观、使用安全等方向发展，同时以人为本的设计理念越来越得到重视，设计不再是单一的产品设计，而是生活方式的设计。设计是为了人们更好地生活，设计已经在人们的工作、生活、娱乐、休闲中扮演重要角色（图 8–11）。

图 8–11　阿恩·雅各布森 1955 年设计的蚁状椅

由“善”所界定的功能首先是一种欲望的表达。在此，有表达设计师自身欲望的，也有表达受众欲望的。除了欲望的表达之外，它还有着美的关涉。视觉传达设计对于美的关涉很大程度上在于自身艺术特征的鲜明。当受众面对一件视觉设计作品的时候，总是首先去探索距离自己近的、现实性强的信息，之后才去评论这件视觉作品其他方面的要素，诸如它的形式、质料等。这里，视觉作品最直接的现实性就是契合“真”的内在规定性，从而实现某种“善”的目的。

比如说广告设计，当广告设计标明了是用来传播信息、促进销售和增进服务之时，它自身就成了传播工具。广告这种传播信息的功能也即广告的有用性。与康德“无目的的合目的性”不同，广告设计是“有目的的合目的性”，广告主的利益最大化正是广告设计的重要诉求点。一旦广告设计是为了某种目的，它自身就成了一种手段，一种工具，那么它在本性上就要受到有用性的规定。因此为了达到这种有用性，技术获得了最大的话语权，于是，最先进的手段、材料、技法等都被派上了用场，进入广告设计的世界。

人是有欲望的，尤其是当下，人们的各种欲望被无限放大，整个世界也像一个布满器官的人的身体一样，充满了欲望。在视觉图像所敞开的世界里，欲望不仅被生产，而且也被消费。视觉图像的生成与显现往往是着眼于人的视觉欲望，而最终回归于设计师的欲望和消费者的欲望。欲望在视觉设计中要么撕去了种种面具，直接表现自身；要么并不直接以自身的面貌呈现，而表现为种种其他的能唤起欲望的对象。比如有的广告以女人体为题材，并给予种种暧昧的暗示，以唤醒受众对于美色的欲望，从而实现制作者的欲望（图 8–12）。

图 8–12　乔治·勒帕普 1927 年设计的法国《时尚》封面

仍以广告设计为例，广告设计首先着眼于满足人们身体的欲望，包括食欲和性欲。在此基础上，满足人们心理的欲望，包括爱与被爱的欲望、自我实现与自我满足的欲望。“炫耀性”广告的诉求就是基于人们自我满足的欲望。例如，轿车广告就是在极力宣传轿车作为代步工具的实用性和优越性的同时，更多地彰显了此物所带来的尊贵与成功的精神指向。因而，我们通常所遭遇到的轿车广告要么是“显示您朴实无华的高贵”，要么是“展示您无与伦比的成功”，似乎一旦拥有了此物，人们马上就变得高贵起来，俨然是一个成功人士了。

要想通过视觉图像来表达和实现自己的欲望，设计师不仅要赋予形式以信息，而且要建构一个意义的世界。视觉作品所承载的信息或是明喻的，或是隐喻的。在西尔弗斯通看来，广告设计创造并维持了个人对社会意义的欲望，商品在广告的作用之下被供给，并通过影像、比喻和隐喻等表现出来，实际上是创造了一种针对特定商品购买者（潜在的或实际的）的乌托邦话语。

三、美——合规律性与合目的性的统一

真、善、美是人类社会的基本价值观，而且相关联。先看“真”与“善”，人们只有把握客观规律，才能运用客观规律，因而“真”是“善”的前提。再看“美”与“善”，“美”使“善”得到更好的发挥。优秀的设计作品都是广为传播、为大众所接受、在现实社会生活中能发挥功能和作用的作品。作品的这种有用性既包括了物质性的实用需求，同时也包含了心灵的倾诉和向往。

图 8-13　托德·布歇尔 2006 年设计的陶瓷作品“另一边”

真即符合客观规律，真是美的基础，不真则不美。善是最高目的，也是美的前提，不善也不美。美则是在真、善的基础上最佳的感性显现。美是真与善的统一，也即合规律性与合目的性的统一。“视觉设计相对于其他设计而言，更具有艺术性的特征。通过特定、清晰的符号形式，视觉设计作品将特定的信息传达并具有美的意味。”①

在设计批评中，“美”是一个核心的概念。任何设计作品都与特定的设计审美及趣味相关。“设计基于人类的生存与发展的需要，创造出具有一定审美价值和实际功用的器具或物品。”②因而，无论什么类型的设计，都要考虑并重视对美的研究，使设计具有鲜明的美学特征（图 8-13）。

那么，美到底是什么呢？这个问题其实有很多答案。有人认为有用的就是美的，有人认为美是生活，有人认为美是真、善，还有美学家认为美是理念的感性显现……美的问题历来都是一个难题。在西方，从古希腊开始，无数哲学家、美学家都对“美”的有关问

① 李砚祖主编、芦影著：《视觉传达设计的历史与美学》，中国人民大学出版社，2000 年版，第 14 页。

② 张贤根著：《设计的艺术存在——存在论现象学视域中的设计艺术》，《武汉大学学报（人文社科版）》，2005 年第 2 期。

题——诸如美的定义、美的本质以及美的现象进行了广泛而深入的研究，继而使对于美的现象的研究成了一门学问——美学。这说明，美的问题对于人类来说是个重要的问题，生活中处处都充满着美的现象和美的讨论。美为何存在？乃是因为人的需要，确切地说是人的情感化的需要。作为人类生活方式的设计，也必定要对美进行关注，任何设计都渗透着美的元素或美的问题。

毕达哥拉斯学派认为美是和谐。比如说音乐美，就是“对立因素的和谐的统一”；而设计作品通过对各种细节的关注，包括对各种比例关系的处理，也能达到一种和谐。在对于美的追求上，同样也要注意和谐问题。无论是设计的整体风格，还是各构成部分之间的比例及关系，都要恰到好处。另外，在理性主义大行其道的时候，沃尔夫林认为美也在于完善。他认为美是事物完善的时候给我们带来的快感，一件完善的感性设计作品，就是一首美的诗。

以赖特的流水别墅为例（图 8-14），赖特的流水别墅之所以经典，让人具有强烈的美的感受，其中一个很重要的因素，就是注重了和谐之美。流水别墅是赖特为卡夫曼家族设计的，这座仿佛从自然山岩中生长出来的建筑，造型纵横交错，变化万千。流水别墅的地坪、车道、阳台及棚架，沿着各自的伸展轴向，水平向周围延伸。巨大的露台扭转回旋，恰似瀑布的水流遇到岩石后突然下落一般。整个建筑与周围的自然环境达到了高度的和谐与统一，从而，建筑不再是简单的建筑，而是与周围环境高度融合的一件原生态的艺术品。

图 8-14　赖特 1935—1937 年设计的“流水别墅”

赖特的流水别墅的和谐完善之美，首先体现为作品整体外观与周围环境的和谐相处、共生共荣的关系，其次体现为它内部结构的和谐与完美。流水别墅十分注重内部各部分之间的比例及其关系，并在建筑造型和内部空间上营造了一种沉稳而富有诗意的审美效果。此外，在材料的选择上，流水别墅也同样注重和谐之美的生成。

克罗齐认为美不属于事物，而属于人的活动，属于心灵的力量。如果我们单纯从美的角度出发来考虑的话，孟菲斯设计之所以具有重要的开创意义，正是因为其强烈的风格特征，以及对形式的极度张扬，凸现了美的意义。

视觉是与人的心灵相关的，而对于美的追求来说，乃是与人的本性和心灵相关。无论是视觉设计作品的制作、传播还是接受，都存在着美的问题，不仅仅包括美的创造、美的传播，同样还包括了美的接受、美感、审美经验、审美心理等一系列审美问题。

无论是广告、标志，还是电影、电视片，在设计过程中都涉及视觉画面的创意、构成以及如何运用技术手段进行表现的问题。视觉设计师作为视觉美的创造者，在制作视觉作品的过程中，既要充分把握特定受众的审美心理，同时还要考虑采用怎样的形式来吸引受众，从而让视觉设计的目的得以实现。

就美的关涉而言，一方面，视觉设计的生成往往是基于对于当下生活世界的复制、再现以及表现，受众借助于视觉作品可以形象地获得对于外部世界的感受。如果说远古时代的抽象化图腾、文字符号以及图形最大的欠缺在于其形象性的话，那么在当下这样一个技术高度发达、信息急剧膨胀的时代，视觉设计作品诸如影视、广告等所具有的图像和画面，是前所未有的。比如可记录连续活动的动态影像，其每一帧画面不仅是时间的延续，同时也是空间的拓展。通过角度的变换以及画面的组接，影像通过二维的有限画面表现三维的无限空间，继而形象地再现现实景物的面貌和人物的活动。但是，这样一种对于生活世界再现和表现的视觉图像的生成，它基于技术的可能性，是经过了特定的艺术化处理的。它源于生活，但又高于生活。任何一件视觉设计作品，如果缺少艺术性，那么它一定是不完整的。正是因为有了对于艺术性的关注，视觉设计具有了美的关涉（图 8–15）。

图 8–15　塔皮奥·维尔卡拉 1967 年设计的“宝来”水晶器皿

图 8-16　山本耀司 1986 年的服装设计

图 8-17　法国巴黎蓬皮杜中心
1971—1976 年

另一方面，借助于视觉设计，受众能够洞悉设计师的内心世界及其对当下生活的感受。基于特定的形式（诸如色彩、图形以及连续画面的剪接组合），视觉图像自身的构成被赋予了特定的意义。由此，视觉设计成了各种意义的聚集，成了一个意义的世界，而这样一个意义的世界是需要受众通过内心活动来进行体验的。比如说在现代影视中，狂欢和欲望的释放已成为一种非常现实的游戏策略和叙事方式。在视觉图像设计中，狂欢与欲望的释放往往采取碎片化的形式与表现方式，诸如流行时装、时尚模特、摇滚乐、迪斯科以及街舞等（图 8-16）。

随着技术的进步，当下的视觉设计已经可以运用一切艺术的形式和表现手段来实现其形式上的可能性。正是在此意义上，视觉设计的生成与艺术有着紧密的关联。阿多诺认为，事实上，艺术的主要动力在于："艺术那令人陶醉、给人以直接感官享受的特性"，而视觉设计尤其是影视设计也具有令人陶醉的、给受众以直接感官享受的特点。另外，设计对于美的关涉不仅包含了给予受众美的形象和美的愉悦，同时也包含了丑的形象和感受。尤其是在后现代的今天，随着艺术与非艺术界限的模糊与消失，美与丑也不再对立，美的可变为丑的，丑的也可变为美的（图 8-17）。

随着视觉图像由原先的独创性向大规模复制性转变，视觉设计作品的权威性和不可替代性正被复制品的无差别性所取代，视觉图像的艺术价值也正被其功能价值替代。此时，视觉作品美不美的问题不再重要，视觉图像与受众之间互动关系的生成成了视觉传达设计审美的关键。这一转变使得受众由对艺术品本身的关注转向了对作品和受众互动关系的重视。技术的可操作性使得视觉图像的生成及复制变得轻而易举，于是谁都可以成为视觉图像的设计者。其结果是导致了视觉图像的泛滥，我们的生活世界被铺天盖地的视觉图像所包围。正是技术最终导致了视觉图像对于美的关涉由传统的个体审美体验转化为集体或公共的大众互动，使审美体验的独特性、个性化特征难以实现。与此同时，设计批评基于美的原则也正在向着多元化、模糊化的方向发展（图 8-18）。

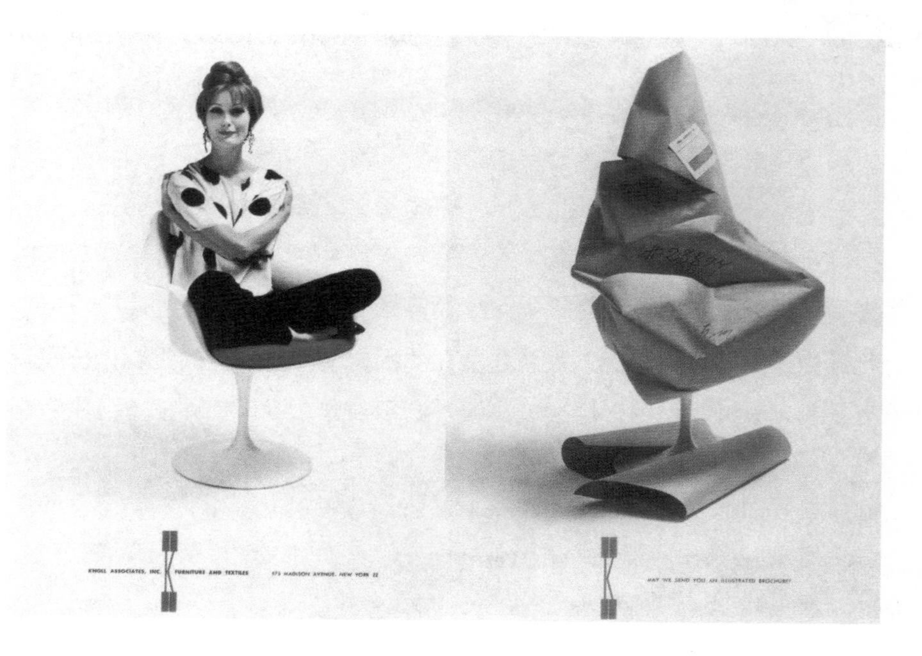

图 8-18　埃罗·沙里宁 1957 年左右为诺尔设计的“郁金香”椅的广告

真、善、美是我们进行设计批评活动的风向标，是设计批评的哲学意义上的标准，并且指导我们的设计活动。香港著名设计师靳埭强认为良好的企业形象设计必须具备三个条件：一是真的形象，真的本质；二是善的理念，善的行为；三是美的内在，美的外在。他设计的中国银行标志，正体现了这种设计思想。首先，中国银行标志是一个“真”的形象。真的形象具备三点要求：一是原创性，不抄袭、不模仿；二是差异性与识别性，有个性、不雷同；三是文化性。中国银行标志的造型简洁大方，符合国家专业银行的身份，更包含着具有中国民族特色的企业文化。其次，中国银行标志是一个“善”的形象。善的形象不仅要具有时代性，同时还要具有前瞻性，此外，它也包含了系统性和规范性的要求。再次，中国银行标志是一个“美”的形象。它立意深刻，文化底蕴深厚，视觉形式符合时代审美标准，给人美的享受。

第九章 开展独立的设计批评

设计批评应该持何种态度呢？那就是独立的批判精神。独立的批判精神是设计批评的核心：没有批判，设计批评就形同虚设；而批判不独立，设计批评就不可能客观、公正与科学。

第一节 设计批评的当前状态

当前设计界和设计批评界的问题很多，其中一个最主要的问题是：设计批评标准的迷失。这里的迷失包含了两个相互联系的方面：一是批评话语的缺席，一是批评标准的盲从。何以有这一迷失的发生？从历史的纵向看，随着社会经济、文化、政治等方面条件的变化，为适应人的新的需求需要，设计批评标准的变化是必然的。有变化就会有冲突，当旧的批评标准与新的设计需求构成一种张力时，批评标准的迷失与重构就经常成为设计史上的常新课题。从现实的层面看，当前中国设计界表面上呈现出一副欣欣向荣的发展态势，这从设计各门类的繁荣，设计教育的膨胀发展等等方面都可以反映出这样一个繁荣的局面；但在繁荣的背后，问题却不少。比如，由消费主义、技术主义引发的拜物主义、拜金主义问题，使人越来越成为一个“单面人”；由西方话语垄断的设计批评标准，忽视了各国的文化传统和历史文脉，这些就是设计批评的当前状态。

针对当前的设计批评状况，特别是中国的设计批评状况，我们倡导开展独立的设计批评。从世界范围来看，西方自20世纪六七十年代以来，后现代设计批评理论风起云涌，令人眼花缭乱；后现代设计批评话语在解构现代主义设计原则的同时，本身也并没有建构起有效的批评理念。从中国的设计现状看，艺术设计空前繁荣，但问题也很多。梅映雪在《也谈开展设计批评》一文中指出了我国设计界目前存在的十大问题：①设计地位不受重视；②设计市场浮泛无序；③设计队伍良莠不齐；④设计产业孱弱堪忧；⑤设计管理无所作为；⑥设计观念偏执落后；⑦设计方法贫乏保守；⑧设计研究步履蹒跚；⑨设计教育喜忧参半；⑩设计批评缄口不言。[①]这些问题的出现，虽然有着多方面的原因，但其中有两个原因最值得注意：一是批评话语的缺席；一是批评标准的盲从。

首先，批评话语的缺席。设计批评话语的"缺席"主要是指设计批评界的缄口不言，对问题视而不见，以及大众对设计漠不关心等。究其原因，从历史的角度来看，一直以来"重道轻器"的观念对中国有着深远的影响，这样的意识作为文人的传统一直影响到近代。在20世纪50年代，工艺美术理论及其文化研究虽然被行政命令划为美术领域，却没有受到应有的重视，并且长期处于观念性的排异反应之中[②]。这样一些观念至今仍在或深或浅地影响着一些人的理论研究，要完全摆脱实非一朝一夕之事。从社会的角度来看，我国艺术设计队伍文化素质偏低，设计院校录取的学生与其他文理科专业学生有一定的差距，这是造成年轻一代设计工作者在文化上先天不足的根源之一，这种危害以致影响到研究生的录取和师资队伍的质量，造成恶性循环。[③]批评的"缺席"还反映着理论武器的缺席和无力。大多数从事设计实践的人员忽视理论，使得设计实践缺乏创新的动力。

其次，批评标准的盲从。批评标准的盲从是与批评话语的缺席息息相关的。正因为中国当前还远远未能建构起真正属于自己的设计批评标准，所以在西学大潮的冲击中，中国设计理论界尽管拿来，没有很好地去消化、吸收，岂不知任何理论的引进，都存在着一个本土化的问题。盲目地跟从，一味地西化，这是缺乏文化自信的结果。同时，还表现在对设计界权威的"盲从"。目前许多所谓的权威，自身也存在着很多不足，在外在因素的干扰下，很难坚持应有的评判标准。[④]在市场化浪潮的冲击下，如何走出设计批评的迷失状态，从而建构起科学的设计批评标准，当务之急是要发挥设计批评的批判精神。

---

① 梅映雪著：《也谈设计批评》，《装饰》2002年第10期。

② [日]柳宗悦著：《工艺文化》，广西师范大学出版社，2006年版，丛书总序。

③ 许书民著：《设计概论》，华东理工大学出版社，2005年版，第113页。

④ 许书民著：《设计概论》，华东理工大学出版社，2005年版，第113页。

第二节　设计批评的批判精神

针对当前中国设计界的一些问题，如何去发挥设计批评应有的作用，从而不断引导和促进中国的设计实践活动，其关键是要发挥设计批评的批判精神。我们首先要从批判这个概念出发，在日常语义中，批判或批评的意义是否定性的，与作为肯定性的表扬或者赞扬相对。批评通常是批评者指出被批判者的缺点，并揭示其原因。但这只是批评或批判的一种语义。批判的另一种语义包含了区分、分辨、审查、评价等。“它首先只是对于事实本身的描述，而不是对于事实的肯定或否定的评判。如果它要评价事物的话，那么它既可能是否定的，也可能是肯定的。这种意义上的批判已经克服了作为否定意义上的批判的狭隘性，为接近批判的本性敞开了一条可行的通道。”①在此意义上理解批判，也为我们把握设计批评的批判精神敞开了方向。

理解设计批评的批判精神，同样要克服批判在日常语义中的否定思维，要看到批判在区分、分辨、审查、评价等层面上的内涵，这样才能更全面地把握设计批评。它不仅要批评设计作品的缺点和弊端，而且要发现和赞扬设计作品的优点和成绩。它的一个最为重要的特征就是划界，指出以设计产品为中心的一切设计现象中，哪些是合理的，哪些是不合理的；合理的要加以发扬，不合理的要否决或改进。在此意义上，设计批评不也是一种“设计”吗?

批判精神是设计批评的核心理念。发挥设计批评的批判精神，并不是简单地对某一个设计产品或设计现象的否定，首先它是对于设计产品或设计现象本身的描述；其次，以此为基础，做出合乎情理的解释，从而在区分与比较中分辨出好的、较好的和最好的；最后，在区分和比较的同时，批判就已经做出了选择和评价。正如美国艺术哲学家维吉尔·奥尔德里奇（Virgil C. Aldrich）所讲：“描述、解释和评价在实际进行的艺术谈论中是交织在一起的，并且很难加以区分。但是，对于艺术哲学说来，由于在使用中的艺术谈论的语言中，存在着某些实际的逻辑差别，因此，做出某些有益的区分是可能的。我们可以形象地说，描述位于最底层，以描述为基础的解释位于第二层，评价处于最上层。”②

① 彭富春著：《论无原则的批判》，《武汉大学学报（人文社科版）》，2007年第4期。

②［美］V.C.奥尔德里奇著：《艺术哲学》，中国社会科学出版社，1986年版，第125页。

在艺术谈论中如此，在实际的设计批评中也同样有此规律。而且，在实际的批评活动中，无论对设计产品、设计流派还是对设计师进行批评时，描述、介绍总带有某种倾向性，以某种内在的解释、评价为指导并且夹杂着它们，在描述中批评者指出批评对象可以直接或间接被感知、了解的或显露或隐藏的特征。解释、说明引领评价、判断出现，但也离不开内在的评价的作用。作为明确的主体性肯定或否定结论的评价以前两者为基础，表明批评者的态度和观点[1]。对设计产品等的描述、解释和评价构成了设计批评的内在结构，这是掌握设计批评这一理论武器的关键所在（图 9–1，图 9–2）。

图 9–1　罗杰·塔伦 20 世纪 70 年代设计的手表

图 9–2　安藤忠雄 1982—1996 年设计的东京 Kidosaki 房屋

① 章利国著：《现代设计社会学》，湖南科学技术出版社，2005 年版，第 271 – 272 页。

批判的武器不能代替武器的批判。对于整个设计批评活动而言，更重要的在于运用这一理论武器去批判设计现状。当下中国的设计现象纷繁复杂，一方面艺术设计空前繁荣，另一方面繁荣的背后，问题却不少，其表现出来的无序和造作，拿来和浮躁，尤其值得深思。以批判精神为己任的设计批评，在正面直视以设计产品为中心的一切设计现象、设计问题和设计师的同时，更急迫的是要对当下的关键问题和障碍进行批判，从而引导和促进中国设计艺术的健康发展。针对当下的关键问题，我们要充分地发挥设计批评的批判精神，试图去认识、分析和解决这些问题，这是设计批评义不容辞的责任，也是设计事业健康发展的需要。概而言之，当下设计界诸多的问题可以从以下几个大的方面去思考和批判。

一、对商业主义设计的批判

对商业主义设计的批判，首先要从对商业设计的认识开始。自现代设计诞生之日起，设计就与商业、市场紧密地结合在一起。现代设计的标准化、批量化、效率化逻辑与大众文化市场的形成共同促成了商业设计的诞生和不断发展壮大，形成了自工业革命以来人类的独特景观。商业设计虽然并不是一种专业化的现代设计门类，但在大众文化普遍流行的年代，任何一种设计却几乎都与商业和大众息息相关。商业设计在现代商业社会遍布生活中的每一个角落，在大众消费文化中也到处都有它的身影。环境设计、广告设计、展示设计、服装设计、包装设计、产品设计等，它们都与商业经营活动相关联。成功的商业设计，总能在市场中风靡一时，并获得巨大的经济回报（图 9-3）。优秀的商业设计往往能够刺激人们的消费欲望，随着人们消费水平的提高，设计流行如潮流涌动（图 9-4）。商业设计风格的变化要与市场需求相一致，否则就得不到市场的认可。

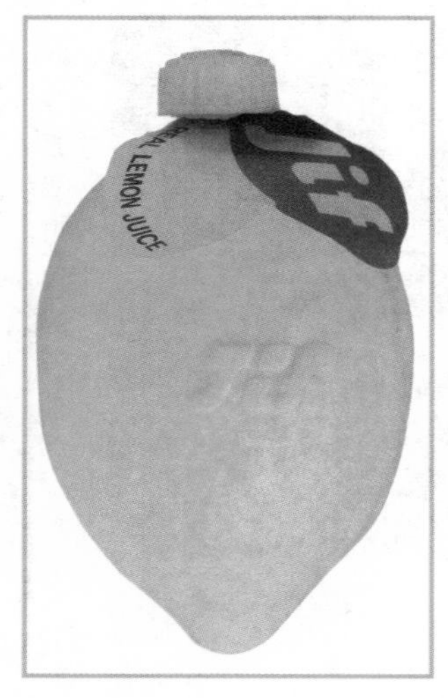

图 9-3　佩尤 1954 年设计的吉夫柠檬包装

图 9-4　保罗·史密斯 1989 年设计的印花面料

商业设计在现代社会中具有不可或缺的地位。从消费者的角度看，它是美化生活环境，促使商家提高服务质量，降低产品价格的有力杠杆；从市场的角度看，它是繁荣市场，拉动消费，调节生产和消费关系的有力手段。再从整个社会发展的角度看，它是“日常生活审美化”和“审美的生活化”的有力推动者。一方面，随着丰裕社会的形成，商业设计是“日常生活审美化”的急先锋。正是由于商业设计的繁荣，日常生活才变得更加丰富多彩起来。另一方面，艺术、审美的生活化，更需要商业设计的参与其中；这种参与，促成了艺术与设计，艺术与日常生活的边界越来越模糊，以至于生活就是艺术的，艺术就是生活的（图 9–5）。

图 9–5　彼得·马里诺 1994 年设计的巴尼商店

商业设计在现代社会的繁盛，展现出其广阔的发展潜力和美好前景。但商业设计有一个根本的特性，也可以说是一个致命的弱点，那就是对利润的永无止境的追逐。当商业设计完全被现代市场的特性所规定时，它有可能就会遗忘了设计本身，或者是置设计以人为本的根本目的于不顾，导致诸如为追逐利润而设计，为取悦庸俗文化而设计等不良现象。这时，商业成了设计的目的，而设计反过来只成为促进商业成功的手段。这样，商业设计也就走向了它的反面——商业主义设计。商业主义设计是商业设计的一种异化形态，它置设计为创造一种更美好的生活方式的目的于不顾，而为永无止境的商业欲望所控制和规定。它在现代设计史中，常以不同形态的面目表现出来，对其本质可以从两个方面来看。

首先，商业主义设计主要表现是为追逐利润而设计。利润是市场的内在要求，而市场性又是现代设计的重要特征，所以商业设计离不开对利润对市场的考虑。而且在现代设计中，检验设计成功与否的标准是市场，如果设计的产品在市场中，就说明设计很成功，否则就是失败的。市场是检验设计是否成功的一个试金石，如果不遵循这个特点去从事设计，我们的设计就会是徒劳的[①]。但是，如果由此而将这一特点无限放大，纯粹为了追逐

① 徐晓庚著：《当前艺术设计批评的三个尺度》，《装饰》2004 年第 9 期。

利润而设计，那么商业设计就无异于走向了歧路。因为对利润考虑得越多，对设计产品本身的要素就会考虑得越少，这样损害的最终是消费者的利益。比如，在包装设计领域，出现了一些非常不合理的现象，一盒月饼经过包装卖到数百元甚至上千元。本来月饼的包装主要是作为保藏功能，当然，在市场竞争条件下对促销功能的考虑也无可厚非，但是，当把月饼的包装完全当作一种促销手段或是一种纯粹的商业利润追求时，不但会出现本末倒置的结果，而且也是对社会资源和自然资源的巨大浪费。

其次，商业主义设计还表现出为媚俗而设计。现代商业设计，依托于大众文化的兴起和蔓延，而大众文化，从消极的眼光观之，“已被证明有其自身的特征：标准化、俗套、保守、虚伪，是一种取媚于消费者的商品”[①]。依托于大众文化的商业设计也是如此，它是以“媚”来取悦消费者的（图 9-6），其极端形态——商业主义设计更是极尽媚俗之能事，纯为媚俗而设计。对于“媚俗”，我们要具体分析，要看它媚什么俗，不要谈“俗”色变，并非所有的“俗”都不好，像民俗中的一些健康有趣的东西，我们为什么不能在设计中加以表现呢？像商业设计中“庸俗”“鄙俗”“陋俗”“低俗”“恶俗”“粗俗”等现象，我们必须毫不留情地加以批判。

图 9-6　日本东京 GK 动力公司 20 世纪 80 年代的产品“夏娃・马齐娜”

对商业主义设计的批判，不等于对商业设计的否定。商业设计在现代社会中是一把双刃剑，一方面，它有利于发展一个国家和地区的经济，提高人们的生活水平；另一方

① Leo Lowenthal · Literature，Popular Culture，and Society · New Jersey：Englewood Cliffs，1961，P10.

面，它导致了消费主义的产生和社会上的物欲横流，“我消费，我存在”。问题的关键在于，我们如何去发展商业设计，使之有利于社会的健康发展和人们生活水平的提高；而不是走向其反面，使人沦为商业的奴隶和消费主义的欲望机器。

二、对技术主义设计的批判

“技术”一词出自古希腊 techne（工艺、技能）与 logos（言辞、演说）的组合，其含义是完美的手工技艺与实用的讲演技艺。1772 年英国经济学家贝克曼在文献中正式使用 technologing 一词，对各种应用型的技术进行论述，这时的技术主要是指技艺。20 世纪初，技术一词开始广泛地使用，其含义越来越广，既包括工具、机器，又包括工艺程序、技术思想等意义，技术史学者奥特加・伊・加西特按照历史上占统治地位的技术概念，将技术分为机会技术、工匠技术、工程科学技术三类，即技术发展的三个不同时期。机会技术，是指史前人类和原始部落人的技术特点，技术完全包含在自然生命的无能动思维的动物性活动中，这时还没有熟练的工匠，偶然发明的机会少，也不是有意识地进行的。第二阶段是古代和中世纪，作为工匠的技术，其工艺技术已发展到复杂而深入的程度，从而形成专业和劳动分工，形成特定行业的特定知识和实践体系。工程科学技术阶段，技术完全由技师、工程师主导，作为工具的机器有了一定的自主性，即不再直接由人操纵，并开始与人分离。①

回顾技术的发展历史，不难发现，工业革命是技术发展史上的一道分水岭。工业革命前，技术主要是指手工技艺，它相关于匠人的手工制作；而工业革命以后，技术开始与艺术、技艺逐步分离。现代的制造技术、生产技术几乎全部都是科学的延伸，而手艺活已经几乎消失。这时的技术不是手工制作，而是现代技术，即机械技术和信息技术（图 9-7）。“在手工操作到机械技术的转换中，人的身体的作用在技术里已经逐步消失了其决定性的作用。而在信息技术中，人不仅将自己的身体，而且将自己的智力转让给技术。因此现代技术远离了人的身体和人的自然，自身演化为一种独立的超自然的力量。技术虽然是作为人的一种工具，但它反过来也使人成为它的手段。这就是说，技术要技术化，它要从人脱落而离人而去。”②在这种意义上，现代技术的本性已不是传统的技艺，也不只是人的工具和手段，它成了技术化，成了技术主义。

当这样一种技术化的力量开始走进人们的生活时，它对人而言就会成为一种异己的力量反过来操纵人，控制人。当这样一种技术化的力量在设计领域泛滥时，就会导致一种技

---

① 柳冠中著：《事理学论纲》，中南大学出版社，2006 年版，第 11 页。

② 彭富春著：《哲学与美学问题》，武汉大学出版社，2005 年版，第 294－295 页。

图 9-7　查尔斯·衣姆斯 20 世纪 50 年代设计的名为“翻线戏”的网状金属椅

术化的设计思维和倾向。这样一种技术主义设计，欲将技术万能化，将所有的设计物品完全技术化，从而导致一种为技术而技术，为技术而设计的设计思维。此时，显示技术的无所不能成了设计的目的，而设计本身倒沦为无关紧要的附庸。这种技术主义设计思维要求人完全按照现代技术的逻辑生活，比如机器技术的批量化、标准化、效率至上、功能至上，信息技术的数字化、虚拟化，等等，从而使活生生的人沦为技术的奴隶，人类的情感也不断碎片化。

对技术主义设计的批判，并不是要消极地去否定技术。对人类而言，不论是在手工业阶段，还是在工业阶段，抑或今天的信息技术时代，设计都依赖于技术。技术的发展为设计展现和提供了多方面的可能性，使人们的生活更加美好、舒适。但当对现代技术的崇拜，导致一种技术主义思维的普遍流行时，我们就要警惕了。技术不是万能的，它有自身的限度和局限性，因为人类的很多领域是在技术之外的；技术是一个没有灵魂的奴仆，关键是我们怎样去使用它。因此，批判技术主义设计的关键是去确定技术在设计领域中的限度和边界。

三、对形式主义设计的批判

对形式主义设计的认识，要从认识设计中功能与形式的关系入手。功能与形式的关系问题，一直以来就是设计师和设计理论界思考的核心问题之一。功能是指设计产品所具有的某种特定功效和性能，是产品的决定性因素；形式是设计产品的实体形态，是功能的表现形式。功能决定着形式，但功能不是决定产品形式的唯一因素，而且功能与形式也不是一一对应的关系。形式有其自身独特的方法和手段，同一产品功能，往往可以采取多种形式，这也是工程师不能代替设计师的根本原因所在。①

功能与形式的关系，历史上表现出多种形态。在手工艺设计阶段，一方面由于生产者与设计者往往就是一人，设计者可以有自由发挥的余地，因而生产出的产品具有丰富的个性和特征，装饰成了体现设计风格和提高产品身价的重要手段；另一方面，因为设计者与使用者彼此非常了解，使用者的不同需求是设计者必须去努力满足的责任，所以，产品的功能可以得到很好的体现和完善。因此，在手工艺设计阶段，功能与形式的关系得到了很好的统一。在工业设计阶段，由于机器技术在设计领域完全取代手工技艺，设计中功能与形式的关系问题成为现代设计先驱们重新要面对的核心问题之一。从"形式追随功能"、"功能决定形式"到"功能与形式就是一回事"，再到"少则多"等设计理念中，可以反映出现代主义设计将功能强调到无以复加的地步，形式只是功能的自然表现而已。在后工业设计阶段，由于社会经济文化等诸多方面的变化，特别是信息时代的来临，人们对现代主义的功能至上主义逐渐产生了厌倦，对形式的多元化需求更为迫切，"形式"不是紧紧地追随"功能"，而是"形式追随情感"了（图 9-8）。

从设计史上可以看出，无论是对设计产品功能或形式的任何一方的无以复加的强调，都会导致一种形式主义设计的蔓延。形式主义设计并不等于现代设计中的功能主义，也不同于现代设计中的式样主义。它可以以功能的面目出现，更容易拿形式作为幌子。它往往以追求某种形式（这种形式可能有多种表现形态）为开端，当对这种形式的追求达到一种极端化时，它也就遗忘了设计以人为本的目的本身，走向形式主义设计，从而为形式而设计，为设计而设计。比如，当德国的功能主义设计与美国的商业设计相结合，产生一种国际主

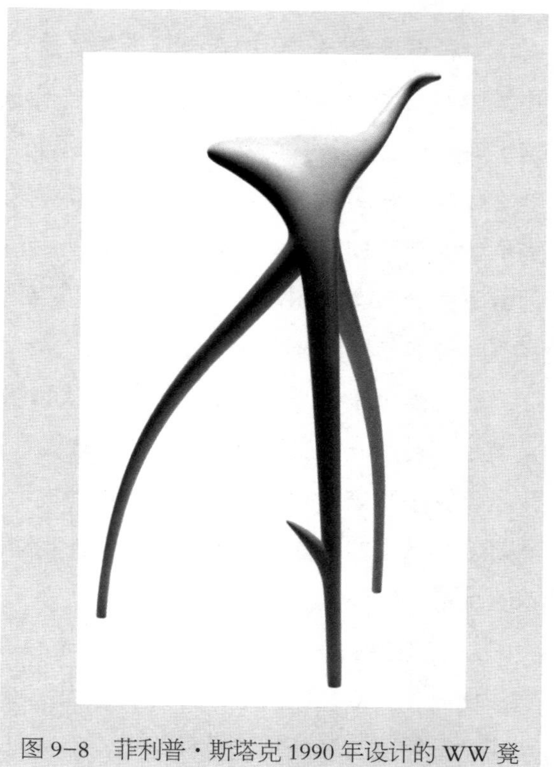

图 9-8　菲利普·斯塔克 1990 年设计的 WW 凳

① 尹定邦著：《设计学概论》，湖南科学技术出版社，2003 年版，第 170 页。

义设计风格时，这是现代主义设计在全球的胜利；但是，当 20 世纪中叶对国际主义设计的追求，逐步从追求功能第一发展到以“少则多”的减少主义特征为宗旨，为达到减少主义的原则，甚至可以漠视功能要求时，国际主义设计也就走向了一种形式主义设计，它开始背叛现代主义设计的基本信条，仅仅在形式上维持和夸大现代主义的某些特征。1972 年由著名的现代主义设计大师山崎宾设计的美国圣路易市的普鲁蒂–艾戈（Pruitt-Igoe）住宅区的被炸毁，是对退化为形式主义设计的国际主义设计的完全否定；后现代主义主要理论家查尔斯·詹克斯称这一事件，标志着现代主义、国际主义设计的死亡和后现代主义的诞生。

对形式主义设计的批判，并不是去否定设计中的功能主义或式样主义，也不反对在市场经济中把设计作为促销考虑的因素之一；它批判的是把任何一种形式（比如功能、形式、材料或促销等）当作设计目的本身，在无限放大的形式追求中却遗忘了设计的本质，其结果不但是损害了消费者的利益，更是对社会资源的巨大浪费，不利于社会的可持续发展。

四、对西方垄断式批评话语的批判

当代世界经济文化和科学技术的发展，已经把中国置身于世界的整体文化语境之中，中国的经济文化和科学技术的发展与当代世界的经济文化发展构成了一个巨大的交互语境。在这个交互语境之中，双方相互影响，但代表了当代世界经济文化发展方向的西方强势文化对中国的影响是巨大的；从经济、技术、文化等到作为创造性活动的设计领域，西方的价值观和批评尺度的影响无处不在。正如日本设计家黑川雅之感叹说“现代的日本人已经沦为西方文化的奴隶了”①，我们要在设计批评中努力摆脱西方垄断式设计话语的束缚，也并非易事。

设计是未来不被毁灭的良知、智慧和能力（柳冠中语），直接影响着人们的生活，甚至就是在创造一种生活方式。中国现代设计更直接地受惠于西方现代设计，可以说是西方现代设计观念东渐的产物，西方的设计批评话语就理所当然地成为评价中国现代设计的强势标准。从当前中国的设计理论和设计实践两方面看，表面上是中国的东西，实质上却是西方的标准和话语。

从理论方面看，在我们的设计理论和批评中，我们的理论话语来源基本上来自于西方，比如，在众多的关于设计方面的著作和论文中，在近年编撰的大量的教科书中，我们所用的理论语言和所用的批评标准，都来自于西方的设计话语系统。西方的设计理论和设

① ［日］黑川雅之著：《日本的八个审美意识》，河北美术出版社，2014 年版，第 7 页。

计话语作为一种“他者”话语已经成了当代中国设计界的某种主导性话语，这是我们不得不面对的现实情况。“一方面是具有百年历史积淀的西方设计实践和由这种实践而来的庞大的设计话语资源，一方面是刚刚起步的中国设计现状，自己没有足够的话语资源以资利用，仅凭自己的话语很难建立起来完整系统的设计理论。”[①]所以西方设计话语的主导，一方面是必然，体现了试图进入当代世界设计领域的中国学界的设计意识的自觉，开始意识到了世界设计话语资源对中国设计发展的重要性；另一方面也反映出中国设计界还没有找到自己的设计理论话语，必须倚重于西方他者的话语资源来建构自己的话语体系。

从实践方面看，无可否认，改革开放以来，中国设计界在建筑设计、平面设计、产品设计、服装设计等方面，都取得了令人瞩目的成就。设计艺术已经在人们的社会生活和文化生活中扮演着极为重要的角色，它不仅丰富了人们的物质生活，也丰富了人们的精神生活。但是，“正如中国设计理论和设计话语所体现的他者影响焦虑一样，设计实践也充分地体现了西方设计对中国设计界的深刻影响，从建筑设计到产品设计，从家具设计到视觉传达设计，人们都从中看到了这种不可摆脱的影响。人们从现实的物质和文化场景中，可以看到许许多多类似于西方的设计产品，从建筑立面到空间设计，从产品结构到语汇表达，都渗透着他者的影响。”[②]

从某种程度上说，西方的设计批评话语对中国当代的设计理论和设计实践的影响是不可避免的，也是中国设计发展壮大必须要经历的过程。借鉴也是一种学习和消化的过程，但是，对西方设计批评话语的借鉴和学习不等于完全地“拿来主义”，不等于全盘照搬。正如童慧明在《中国工业设计20年反思》一文中指出的：“尽管我们可以用一种理由呼请社会关注中国制造业发展的科学性，从西方以及亚洲新兴工业化国家的经验教训中认识工业设计的重要性，但数十年经济发展的滞后重新起飞时的低起点，以及企业创建者与决策者们对‘现代化’认识的局限性，注定了中国企业在产品开发上必须经历一段很长时间的、无法绕过的对西方产品‘模仿’的过程。虽然我们可以用官方语言婉转地将这种过程表述为‘消化’‘吸收’，但本质上它必然表现为漠视并排斥自身的力量成长。对学界来说，最痛苦的事情莫过于看到了事物的本质却对此无能为力。”[③]这种“模仿”不仅存在于工业设计领域，而且也广泛地弥漫于整个设计领域之中。面对西方强势的话语资源和话语霸权，如何走出西方的垄断式批评话语，找到自身的具有本土特色的设计批评话语，是我们设计理论界要深入思考的问题。

---

① 李建盛著：《希望的变异——艺术设计与交流美学》，河南美术出版社，2001年版，第243页。

② 李建盛著：《希望的变异——艺术设计与交流美学》，河南美术出版社，2001年版，第247页。

③ 童慧明著：《中国工业设计20年反思》，《装饰》，1999年第1期。

对西方垄断式批评话语的批判，并非简单地抛弃西方设计话语资源，相反，我们还要学习和借鉴西方设计话语资源。毫无疑问，我们的设计理论和实践已经被“纳入”到一种国际性的设计场景中，这已是一种客观现实，问题是，我们如何站在自身需要去思考“他者”的设计话语资源，如何去挖掘、继承和发扬自身的设计话语资源，建立中国本土的设计批评话语，这是非常艰巨的任务，需要我们大家付出智慧和汗水（图 9-9）。

图 9-9　苏州博物馆　贝聿铭

第三节　设计批评家的修养

发扬设计批评的批判精神，是设计批评家的职责。设计批评家是设计批评活动中的主体因素。他不同于一般的公众过于感性化的消费批评，他凭借自身的专业素养和专业训练，能站在一定的理论高度，坚持一定的批评标准，并利用多种媒介去表达自己的批评意见，能够区分好的和不好的设计，从而影响设计师的设计倾向和引导消费者对设计的认识与消费。正因为设计批评家角色的如此重要，所以设计批评家自身素质的高低、修养的好坏、批评态度的优劣等方面，会直接影响到设计批评的水平和设计批评作用的发挥。

设计批评家的修养是决定其设计批评水平高低的重要因素。由于设计批评是一项极为复杂的精神活动，批评家既要对设计作品进行感同身受的使用体验和审美欣赏，还要对设计作品及其相关的设计现象的价值、作用、功能等进行科学的思考和分析，因此，设计批评家所具备的修养应该是多样的、全面的。具体来说，设计批评家的修养主要包括理性思维能力和专业理论知识、人文素养、市场意识、批判锋芒等方面。

一、理性思维能力和专业理论知识

设计批评的成效与否，很大程度上取决于他的理性思维能力和专业理论知识。只有具备较强的理性思维能力，才能更好地进行设计批评活动；只有掌握了过硬的专业理论知识，设计批评家才可能运用这些理论武器去批判设计问题。

首先是理性思维能力。理性思维是一种用概念、术语来对客观世界进行观察、分析、推理、判断并做出理论阐述的思维方式，又称理论思维。恩格斯曾在谈论理论思维时讲："无论是对一切理论思维多么轻视，可是没有理论思维，就会连两件自然的事实也联系不起来，或者二者之间存在的联系都无法了解。"[①]理论思维作为人类从事各种科学研究的基本思维方式，在设计批评中同样须臾不可缺少。设计批评需要运用理性思维来对设计作品或设计现象进行分析、推理和论证，以获得对其内、外环境的联系分析，和对其本质、价值的分析与把握。设计批评还需要运用理性思维来形成立论正确、客观、思路清晰、逻辑严密、语言恰当简明的理论阐述。要做好这些工作，设计批评家无疑要具备较强的理性思维能力。

除了理性思维能力外，设计批评家还要具备丰富的专业理论知识，这其中包括设计学科本身的历史知识和理论知识，同时还要掌握有关社会科学与自然科学的知识。"这一方面是因为理性思维只有在相当规模的理论知识储备的基础上才能运转得起来；另一方面是因为艺术作为一种社会现象和一门人文社会学科，与其他各种社会意识形态及其他社会科学甚至是自然科学有着广泛而复杂的联系。"[②]所以，作为一名合格的设计批评家，他首先要掌握古今中外丰富的设计史料和设计理论知识。对设计史料的掌握可以帮助设计批评家更好地去分析某一设计现象的源与流；对设计理论的把握是设计批评家批判的武器之一。除了本学科内的专业知识的掌握外，作为一门综合学科的设计艺术，对其相关学科知识的摄取也是必备的。比如科学知识。一部人类的设计史，可以说也是一部科学技术的变革史。科学和艺术是设计的两翼。对设计批评家而言，要学习基本的科学常识，关注科技的进展，要了解某一领域某项科技成果的突破会给设计领域带来的变革和影响。只有具备宽阔的多学科视野，设计批评才能做到更科学、更有说服力；否则，视野狭窄，理论知识缺乏，设计批评就缺乏理论深度（图 9-10）。

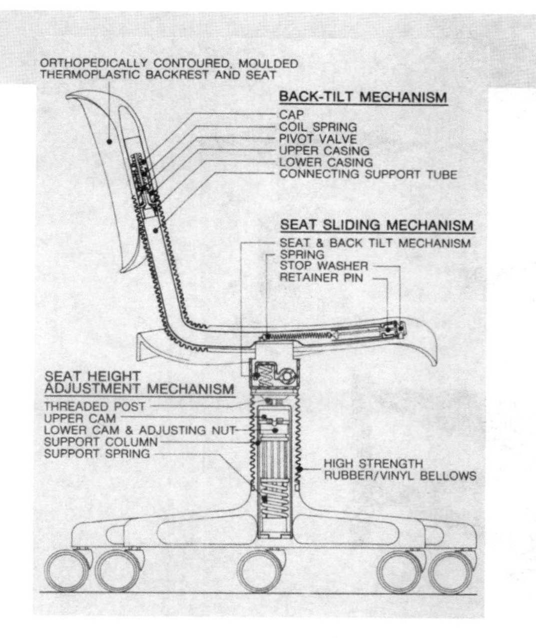

图 9-10　埃米利奥·安巴斯 1977 年设计的"脊椎"办公椅

① 《马克思恩格斯全集》第 20 卷，人民出版社，1972 年版，第 399 页。

② 田川流、刘家亮著：《艺术学导论》，齐鲁书社，2004 年版，第 372 页。

还要通晓艺术学有关知识。西方在文艺复兴以前，设计一直是在艺术、技艺的范畴中被思考和实践的；只是到了工业革命以后，艺术与设计才出现了分分合合的不同状态，但从分离走向统一是其必然趋势。所以，作为一名设计批评家，艺术素养应该是其所拥有的起码素质。设计批评家的艺术素养，首先应该体现为有较强的艺术感受力和鉴别力。别林斯基曾对此予以强调："敏锐的诗意感觉，对美文学印象的强大的感受力——这才应该是从事批评的首要条件，通过这些，才能够一眼就分清虚强的灵感和真正的灵感，雕琢的堆砌和真实感情的流露，墨守成规的形式之作和充满美学生命的结实之作，也只有在这样的条件下，强大的才智，渊博的学问，高度的教养才具有意义和重要性。"[①]设计批评家还要对艺术规律和特点有透彻的了解。艺术规律和特点是艺术活动的必然性的反映，是艺术之所以为艺术而非其他的特殊性质。要了解艺术的规律和特点，批评家一方面可以通过艺术知识和理论的学习而获得，另一方面也可以通过艺术与设计实践而获得（图 9-11）。

图 9-11　格里特·里特维德 1934 年设计的"之"字形桌子，1922—1923 年的"施罗德 1 号"桌子，1918 年的"红蓝"椅

①《别林斯基选集》第 1 卷，上海译文出版社，1983 年版，第 224 页。

二、人文素养

人文素养是批评家的基本素质之一，一个没有良好人文素养的批评家就不是一个合格的批评家。这对设计批评家来说更是如此。因为人文素养的核心是对人的价值的尊重，对人的生存的关怀，是批评家的社会责任感和社会良知的自然流露；而设计是为人服务的，对人的生理和心理需求的关注，是设计师的任务。同时，由于设计服务对象的阶层性和服务需求的变化性，所以设计批评家的良知和社会责任感就尤为重要了。

良知或者说社会责任感，是社会对设计师的要求，也是对设计批评家的要求。换句话说，设计批评家应当具有作为社会良知的代言人的道德品质。同时，良知也要求设计批评家应当保持自己独立的人格，对社会负责，对设计消费者负责，对设计批评标准负责，也对设计师和经营商负责，而不能仅仅维护设计师和商家的经济利益或者仅仅满足自己个人的趣味。因此，设计批评家是社会和市场良知的代言人和仲裁人。

在西方商业社会里，艺术批评家或设计批评家成为金钱和眼前利益奴隶的现象是一种客观存在，也引起了一些艺术批评家的注意和批判。正如豪泽尔指出的："有些批评家开始堕落，他们不再代表专业批评家队伍的利益，而是去为那些有地位、可以在一夜之间给予好处的人们服务了。"[①]艺术批评家丧失了真诚或者说良知，其艺术批评也就丧失了灵魂；这对于设计批评家来说更是如此，因为丧失了基本良知的设计批评话语，其对社会造成危害的深度和广度较艺术领域而言，犹过之而无不及。这样的设计批评家也就成了纯粹的利益交易物，或者是为权势人物服务，或者是为商业活动效劳，是抛弃了社会责任感的见利忘义之徒。

在国内，目前设计界正在倡导开展设计批评活动，这主要是针对国内长期以来设计批评的缺席与无为状态而言；但另一方面，社会上出现的一些设计批评现象，却又值得引起我们的警惕。正如章利国在批评国内的一些不良艺术批评现象一样，其分析同样适合于设计批评领域，他指出："一种是绝对化的批评，大多表现为一味吹捧批评对象，不管是否合适是否符合实际，使得读者不但看不到批评家的分析、评鉴过程，也看不到他的真情实感，而且也分不清批评对象客观存在的品位差别。另一种值得警惕的艺术批评现象是空泛玄虚的批评，其中又分有两种：其一是空洞的套语饾饤堆砌，用来评这件作品可以，用来说那件作品也可以；其二是佶屈聱牙的文字离作品万里，让人抓不住要领，更有甚者生造新词叠床架屋，逻辑混乱，难以卒读。这种种艺术批评现象都扭曲了批评家的人格个

---

① ［匈］阿诺德·豪泽尔著：《艺术社会学》，学林出版社，1987年版，第168页。

性。”[①]所有这些不良批评现象的出现，都和艺术批评家和设计批评家缺乏基本的社会良知分不开，这从一个侧面也说明了人文素养的高低对于一名合格的设计批评家的重要性。

尤其是在今天，市场经济因素和大众媒介影响已渗透到社会生活的方方面面，这促使越来越多的设计批评家在各种程度上与设计市场联系在一起，这是一个必然的发展趋势；但同时，设计批评家更应该勇于承担肩负社会责任，敢于说出代表社会良知的话语。做到这一点是不容易的，但又是必要的。“从长远看，只有拥有独立人格精神和真诚品质的艺术批评家，才能坚持言论的公正性和道德原则，真正促进艺术商业的合理竞争和艺术市场的健康发展。丢掉真诚的艺术批评最终会失去受众。真正的艺术市场批评家具有可以为社会、市场、公众所信赖的人格和必要的知识能力，显示出人格、学识能力和权威的三位一体。”[②]对艺术批评家的要求如此，对设计批评家的要求同样如此。

三、市场意识

市场意识是现代设计的一个重要特性，因此，对市场的敏锐感受力，对设计批评家来说是个新的课题。

设计批评家的市场意识包括了两个具体内容：一个是对优秀的、有创新精神的设计作品的关注和敏感。另一个是对市场的设计需求趋势的分析和预测，从而引导设计潮流和消费潮流。前者是对单个设计作品价值的分析，后者是对整个社会设计趋势的预测。两者由点到线，再构成一段时期的设计流行面。比如在后工业时代，整个市场对优良设计的要求就不同于工业时代的功能至上的要求，而更加重视人性化设计、绿色设计、艺术化设计等等（图 9-12）。总之，设计批评家要有敏感的市场观察力和分析能力。

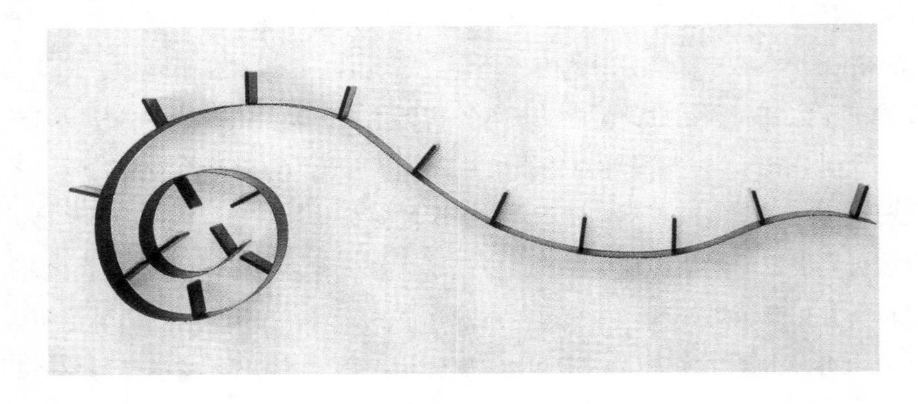

图 9-12　隆 · 阿拉德 1994 年设计的“书虫”书架

① 章利国著：《艺术市场学》，中国美术学院出版社，2003 年版，第 236 页。

② 章利国著：《艺术市场学》，中国美术学院出版社，2003 年版，第 236 页。

四、批判锋芒

批判锋芒是设计批评家在批评活动中应该凸显的一种气质。设计批评家区分于设计史家和设计理论家的一个明显标记，就是他的批判锋芒。当然，并不否认设计史家和设计理论家在他们的史论研究中，带有自身的感情偏好和批判意识；但是这种批判意识相对于设计批评家的批判锋芒，就显得不是那么锐利。设计批评家以他的批判锋芒见长，当他在评判一件设计作品时，就显示出自己的主观偏好。当然，这是设计批评家在经过理性分析设计产品的基础上进行的，他依据一定的标准，着眼于社会的长远利益和眼前利益的统一，坚持可持续发展原则，批评设计作品的缺点和弊端，肯定设计作品的优点和特色。

设计批评家除了对以设计产品为中心的设计问题进行批判外，还要对设计批评本身进行批判。对设计批评本身的批判，包括了对设计批评家、设计批评对象和设计批评的立场、观点、原则、标准三个方面的批判。对设计批评家自身的批判，就要求批评家不断地提高自身的修养和素质，开阔视野，着眼于最多数人的最大利益；对设计批评对象的批判包括了以上所说的对设计产品的批判；对设计批评的立场、观点、原则、标准本身进行批判，就要求批评家要认识到立场、观念、原则、标准本身的局限性和变化性。比如设计批评的立场，现代设计产生以前，设计更多的是为贵族服务的，其设计批评言论同样是为贵族的统治服务；而现代设计的产生，开始有了为大众设计的理念，设计批评的立场也更多地转移到大众角度上来。批评家站在一个什么样的立场上，就会有一个什么样的批评倾向。再比如设计批评的标准，不但不同国家、不同地区的设计批评标准有所不同，而且同一国家、同一地区的不同历史时期，其批评标准也不是一成不变的。所以，我们不能对西方的设计批评标准一味“拿来”，要甄别、选择，关键是要建构富有本土设计文化特色的设计批评标准。

参考文献

1. 【清】阮元校刻：《十三经注疏》，中华书局，1980年版。
2. 李小龙译注：《墨子》，中华书局，2007年版。
3. 陈鼓应注译：《老子今注今译》，商务印书馆，2003年版。
4. 曹础基著：《庄子浅注》，中华书局，2002年版。
5. 安小兰译注：《荀子》，中华书局，2000年版。
6. 刘纲纪著：《传统文化、哲学与美学》，武汉大学出版社，2006年版。
7. 刘纲纪著：《<周易>美学》，武汉大学出版社，2006年版。
8. 钱穆著：《中国文化史导论》（修订本），商务印书馆，1994年版。
9. 杨坚点校：《郭嵩焘诗文集》，岳麓书社，1984年版。
10. 【清】李渔著：《闲情偶寄》，江巨荣、卢寿荣校注，上海古籍出版社，2000年版。
11. 【清】郑燮著：《郑板桥集》，中华书局，1962年版。
12. 闻人军著：《考工记导读》，中国国际广播出版社，2008年版。
13. 潘吉星译注：《天工开物译注》，上海古籍出版社，1993年版。
14. 田川流、刘家亮著：《艺术学导论》，齐鲁书社，2004年版。
15. 尹定邦著：《设计学概论》，湖南科学技术出版社，2003年版。
16. 田自秉著：《中国工艺美术史》，东方出版中心，1985年版。
17. 奚传绩编：《设计艺术经典论著选读》，东南大学出版社，2005年版。
18. 楼庆西著：《中国古建筑二十讲》，生活·读书·新知三联书店，2001年版。

19. 吴焕加著:《外国现代建筑二十讲》，生活·读书·新知三联书店，2007年版。

20. 徐恒醇著:《设计美学》，清华大学出版社，2006年版。

21. 柳冠中著:《事理学论纲》，中南大学出版社，2006年版。

22. 诸葛铠著:《设计艺术学十讲》，山东画报出版社，2006年版。

23. 张福昌著:《感悟设计》，中国青年出版社，2004年版。

24. 凌继尧著:《艺术设计十五讲》，北京大学出版社，2006年版。

25. 凌继尧、徐恒醇著:《艺术设计学》，上海人民出版社，2000年版。

26. 杭间主编:《设计史研究》，上海书画出版社，2007年版。

27. 杭间著:《手艺的思想》，山东画报出版社，2001年版。

28. 杭间著:《设计的善意》，广西师范大学出版社，2011年版。

29. 李砚祖编著:《外国设计艺术经典论著选读》，清华大学出版社，2006年版。

30. 李砚祖主编、芦影著:《视觉传达设计的历史与美学》，中国人民大学出版社，2000年版。

31. 郭廉夫、毛延亨编著:《中国设计理论辑要》，江苏美术出版社2008年版。

32. 郑时龄著:《建筑批评学》，中国建筑工业出版社，2001年版。

33. 陈瑞林著:《中国现代艺术设计史》，湖南科学技术出版社，2002年版。

34. 何人可主编:《工业设计史》，北京理工大学出版社，2000年版。

35. 朱光潜著:《西方美学史》，人民文学出版社，1979年版。

36. 彭富春著:《哲学与美学问题》，武汉大学出版社，2005年版。

37. 彭富春著:《哲学美学导论》，人民出版社，2005年版。

38. 朱良志著:《真水无香》，北京大学出版社，2009年版。

39. 李立新著:《中国设计艺术史论》，天津人民出版社，2004年版。

40. 章利国著:《现代设计社会学》，湖南科学技术出版社，2005年版。

41. 章利国著:《艺术市场学》，中国美术学院出版社，2003年版。

42. 彭德著:《中国美术史》，上海人民出版社，2004年版。

43. 徐复观著:《中国艺术精神》，华东师范大学出版社，2005年版。

44. 汤一介主编:《20世纪西方哲学东渐史》，首都师范大学出版社，2002年版。

45. 叶舒宪著:《庄子的文化解读》，湖北人民出版社，1997年版。

46. 张涵、张中秋著:《国学举要》(艺卷)，湖北教育出版社，2002年版。

47. 陈志华著:《外国古建筑二十讲》，生活·读书·新知三联书店，2002年版。

48. 董占军主编:《外国设计艺术文献选编》，山东教育出版社，2002年版。

49. 王受之著:《骨子里的中国情结》，黑龙江美术出版社，2004年版。

50. 王受之著：《历史中建构未来》，东方出版社，2006年版。

51. 王受之著：《王受之讲述——产品的故事》，中国青年出版社，2005年版。

52. 王受之著：《世界现代设计史》，中国青年出版社，2002年版。

53. 李乐山著：《工业设计思想基础》，中国建筑工业出版社，2001年版。

54. 汉宝德著：《中国建筑文化讲座》，生活·读书·新知三联书店，2006年版。

55. 李龙生著：《设计美学》，江苏凤凰美术出版社，2014年版。

56. 李建盛著：《希望的变异——艺术设计与交流美学》，河南美术出版社，2001年版。

57. 黄厚石、孙海燕著：《设计原理》，东南大学出版社，2005年版。

58. 朱上上著：《设计思维与方法》，湖南大学出版社，2005年版。

59. 刘先觉主编：《现代建筑理论——建筑结合人文科学自然科学与技术科学的新成就》，中国建筑工业出版社，1999年版。

60. 詹和平著：《后现代主义设计》，江苏美术出版社，2001年版。

61. 朱红文著：《工业·技术与设计——设计文化与设计哲学》，河南美术出版社，2000年版。

62. 滕守尧著：《知识经济时代的美学与设计》，南京出版社，2006年版。

63. 同济大学等编：《外国建筑史》，中国建筑工业出版社，1982年版。

64. 【美】肯尼斯·弗兰姆普敦著：《现代建筑——一部批判的历史》，生活·读书·新知三联书店，2004年版。

65. 【英】彼得·多默著：《1945年以来的设计》，梁梅译，四川人民出版社，1998年版。

66. 【美】梅格斯著：《二十世纪视觉传达设计史》，湖北美术出版社，1989年版。

67. 【法】孟德斯鸠著：《论法的精神》(上册)，张雁深译，商务印书馆，1978年版。

68. 【美】V. C. 奥尔德里奇著：《艺术哲学》，中国社会科学出版社，1986年版。

69. 【比利时】乔治·布莱著：《批评意识》，郭宏安译，百花洲文艺出版社，1993年版。

70. 【法】丹纳著：《艺术哲学》，北京大学出版社，2004年版。

71. 【英】尼古拉斯·佩夫斯纳著：《现代设计的先驱者》，中国建筑工业出版社，2004年版。

72. 【日】大智浩·佐口七朗著：《设计概论》，浙江人民美术出版社，1991年版。

73. 【英】弗兰克·惠特福德著：《包豪斯》，生活·读书·新知三联书店，2001年版。

74. 【法】马克·第亚尼著：《非物质社会》，四川人民出版社，1998年版。

75. 【美】亨利·佩卓斯基著:《器具的进化》,中国社会科学出版社,1999年版。

76. 【日】柳宗悦著:《民艺论》,江西美术出版社,2002年版。

77. 【日】柳宗悦著:《工艺文化》,广西师范大学出版社,2006年版。

78. 【法】让·波德里亚著:《消费社会》,南京大学出版社,2006年版。

79. 【匈】阿诺德·豪泽尔著:《艺术社会学》,学林出版社,1987年版。

80. 【日】原研哉著:《设计中的设计》,山东人民出版社,2006年版。

81. 【德】海德格尔著:《林中路》,上海译文出版社,2004年版。

82. 【美】阿瑟·艾夫兰著:《西方艺术教育史》,四川人民出版社,2000年版。

83. 【美】梯利著:《西方哲学史》,商务印书馆,1995年版。

84. 【意】里奥奈罗·文丘里著:《西方艺术批评史》,江苏教育出版社,2005年版。

85. 【美】维克多·帕帕奈克著:《为真实的世界设计》,周博译,中信出版社,2013年版。

86. 【德】雷德侯著:《万物》,张总等译,生活·读书·新知三联书店,2005年版。

87. 【日】黑川雅之著:《日本的八个审美意识》,河北美术出版社,2014年版。

88. 【美】阿纳森著:《西方现代艺术史》,天津人民美术出版社,1994年版。

89. 【美】杨晓能著:《另一种古史:青铜器纹饰、图形文字与图像铭文的解读》,唐际根等译,生活·读书·新知三联书店,2008年版。

90. 【英】凯瑟琳·麦克德莫特著:《20世纪设计》,中国青年出版社,2002年版。

91. 【英】彭妮·斯帕克著:《设计百年——20世纪现代设计的先驱》,中国建筑工业出版社,2005年版。

92. 【英】史蒂芬·贝利、特伦斯·康兰著:《设计的智慧:百年设计经典》,大连理工大学出版社,2011年版。

后　记

记得在十年前的2005年，武汉理工大学艺术与设计学院与某家出版社商谈准备出一套设计学理论丛书，其中的设计批评由我担纲，我和研究团队准备了一份研究提纲（包括大致的框架和具体的章节内容），我们把它交给武汉理工大学艺术与设计学院，一年后我因工作调动，这事就不了了之。十年来，我们一直思考设计批评的一些理论问题，相关成果在《美术观察》、《艺术与设计》（理论）、《设计艺术研究》等刊物上发表了。当设计学升级为一级学科的时候，我们认为设计批评学就显得更加重要了，因为设计学理论架构中是少不了设计批评学的。但是在当下，设计批评的理论研究与设计实践活动相比，还是显得有些滞后而且薄弱。在面对设计作品、设计师、设计现象和设计活动时，我们应该对之进行一些深入的理论探究，关于设计批评的含义、设计批评的特点和原则，要有比较清晰的理论界定，对中外设计批评的思想资源要进行一番梳理，要明确设计批评的主体与媒介，揭示出媒介在设计批评中的积极作用。把握设计批评的对象与领域，进而更好地发挥设计批评的职能。为了更好地开展独立的设计批评活动，我们必须具有设计批评的视野，建立设计批评的标准。

书中部分章节文字已经在刊物先期发表。全书得以完成，是借鉴了许多学者的研究成果，在此深表谢意。本书第五章的第一、第二节的初稿由赖慧蓉撰写，第七章的第二、第三节的初稿由秦潇璇撰写，第八章的第二节的初稿由邹凤波撰写，费利君撰写了十万两千字的文字篇幅，其余由我撰写，全书由我统稿，由于我们水平有限，有待专家和读者批评指正。

李龙生于南京仙林

2017年7月10日

图书在版编目（CIP）数据

设计批评学/李龙生，费利君著. —合肥：合肥工业大学出版社，2018.1（2023.7重印）
ISBN 978-7-5650-2848-9

Ⅰ.①设… Ⅱ.①李…②费… Ⅲ.①设计学 Ⅳ.①TB21

中国版本图书馆CIP数据核字（2016）第142802号

设 计 批 评 学

李龙生 费利君 著 责任编辑 王 磊

出 版	合肥工业大学出版社	版 次	2018年1月第1版
地 址	合肥市屯溪路193号	印 次	2023年7月第2次印刷
邮 编	230009	开 本	787毫米×1092毫米 1/16
电 话	艺术编辑部：0551-62903120	印 张	11.25
	市场营销部：0551-62903198	字 数	300千字
网 址	press.hfut.edu.cn	印 刷	安徽联众印刷有限公司
E-mail	hfutpress@163.com	发 行	全国新华书店

ISBN 978-7-5650-2848-9 定价：68.00元

如果有影响阅读的印装质量问题，请与出版社市场营销部联系调换。